新工科暨卓越工程师教育培养计划电子信息类专业系列教材

丛书顾问/郝 跃

XINHAO YU XITONG XUEXI YU SHIYAN ZHIDAO

信号与系统学习与实验指导

- 主 编/马子骥 杨文忠 帅智康
- 副主编/李 勇 邵 逊 周冰航
- 主 审/李树涛

华中科技大学出版社
http://www.hustp.com
中国·武汉

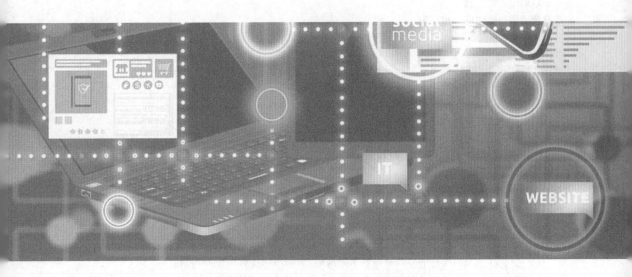

内 容 简 介

本书是电子信息类专业核心课程"信号与系统"的辅导教材,也是研究生入学考试科目"信号与系统"的复习参考书。

本书与华中科技大学出版社重点规划的"新工科暨卓越工程师教育培养计划电子信息类专业系列教材"《信号与系统分析》的内容体系基本一致,在工程性和实践性方面均有所扩展和增强,可以帮助读者更为深入地理解和掌握"信号与系统"这门课程的核心和重点内容,扩展知识面,建立更为形象和全面的知识体系。

全书按照知识点共分为 6 个章节:信号与系统基本概念、LTI 系统的时域分析、信号的拉普拉斯变换与 z 变换、系统的变换域分析、信号的频谱分析以及系统的频域分析。每个章节基本按照引言、重要知识点、主要公式和典型例题解答、实验指导和学习思考 5 个部分展开。全书突出了"信号与系统"课程中基本概念的理解、实验手段的掌握以及解题思路的分析,通过大量例题、程序实例和开放性思考题来强化认知、提高读者的学习能力。

为了读者能够更为便利地使用本书,还增加了 3 个附录内容,分别是:MATLAB 应用基础、数字存储示波器使用基础和信号与系统的真实信号实验案例。目的是为不熟悉 MATLAB 编程的读者提供一个简单的入门基础,也为有心进行实验的读者提供一些真实信号实验设计的思路。

本书可以作为本科生"信号与系统"课程的辅导学习资料,或作为相关专业课程研究生入学考试的参考书,也可供相关技术人员学习使用。

图书在版编目(CIP)数据

信号与系统学习与实验指导/马子骥,杨文忠,帅智康主编.—武汉:华中科技大学出版社,2020.9
ISBN 978-7-5680-6539-9

Ⅰ.①信… Ⅱ.①马… ②杨… ③帅… Ⅲ.①信号系统-高等学校-教材 Ⅳ.①TN911.6

中国版本图书馆 CIP 数据核字(2020)第 167683 号

信号与系统学习与实验指导   马子骥 杨文忠 帅智康 主编
Xinhao yu Xitong Xuexi yu Shiyan Zhidao

策划编辑:祖 鹏
责任编辑:徐晓琦 祖 鹏
封面设计:秦 茹
责任校对:张会军
责任监印:徐 露
出版发行:华中科技大学出版社(中国·武汉)   电话:(027)81321913
　　　　　武汉市东湖新技术开发区华工科技园   邮编:430223
录　　排:武汉市洪山区佳年华文印部
印　　刷:武汉市籍缘印刷厂
开　　本:787mm×1092mm 1/16
印　　张:11
字　　数:264 千字
版　　次:2020 年 9 月第 1 版第 1 次印刷
定　　价:29.80 元

编 委 会

前言

　　信号与系统是电子信息类、自动化类、电气类、仪表类、通信类及计算机类相关专业的一门非常重要的专业基础课程,也是后续很多专业课程的前修课,被不少相关专业的研究生入学考试选为规定考试课程。

　　本课程理论基础内容多,涉及大量数学公式,但同时又具有浓厚的物理知识背景。因此,在学习过程中,建议读者紧扣基本概念,深刻理解数学公式与物理意义之间的内在联系,通过虚拟和现实等多种实验手段更加全面地掌握这门重要课程的本质内容,特别是学会对问题进行分析和解构的方法,并能合理利用手头的实验工具进行求解。本书在利用 MATLAB 仿真软件进行"信号与系统"课程中的基本内容仿真验证的同时,引入了实际科研项目和工程项目中所涉及的信号与系统部分内容,帮助读者更好地理解本书在实践中的应用方式和分析方法。

　　本书作为"信号与系统"课程的辅助学习教材,与"新工科暨卓越工程师教育培养计划电子信息类专业系列教材"《信号与系统分析》的架构基本一致。本书同时提供了一定的网络资源,可供读者下载使用,具体请联系出版社。如果配合该课程所对应的网络慕课,则学习效果更佳。本书依照从抽象数学到实体物理的思考规律,把时域-变换域-频域的逐层深入分析作为编写大纲,从信号和系统两个不同角度,将知识内容分为 6 个章节:信号与系统的基本概念、LTI 系统的时域分析、信号的拉普拉斯变换与 z 变换、系统的变换域分析、信号的频谱分析以及系统的频域分析。

　　书中每个章节都可以分解为理论知识复习和实验实践开展两个大的部分。章节的开篇首先用"引言"提出本章的核心知识脉络,并对本章内容做一个关键的导引。"重要知识点"会总结和归纳每个章节的最重要的课程内容,抽取其中最核心的数学公式,将成体系的知识点以表格的形式列出,方便读者查找和学习。"主要公式和典型例题解答"将选取每个章节中最具代表意义的典型例题进行分析和解答,部分例题会给出详细的 MATLAB 求解过程,帮助读者更好地理解本章节的关键内容。作为本书的另一个重要部分,"实验指导"细分为实验目的、实验原理与说明、实例介绍、实验内容与步骤、实验注意事项和实验报告要求等六个小节。其中的"实例介绍"部分会给出相对丰富的例题,特别是一部分基于工程实践的实例都会在这个部分提供给读者作为参考。每一章节的最后都会提供少数开放性思考题,希望能够激发读者更深层次的思考。

　　本书由马子骥、杨文忠、帅智康、李勇、邵逊、周冰航编写,马子骥统稿并担任主编,李树涛教授任主审。在此衷心感谢王炼红、王华、刘宏立、周莉等老师在编写过程中给予的大力支持。最后,特别感谢沈伦旺、刘微、黄佩和王鑫伟等同学在编辑、校稿、绘图方面的积极协作。

由于时间仓促,加上编者水平有限,书中错误、疏漏与不妥之处在所难免,敬请读者批评指正。

编　者

湖南大学电气与信息工程创新创业教育中心

2019 年 10 月

目 录

1

信号与系统基本概念

1.1 引言

信息是待传输的语言、文字、图像、数码等具有意义的内容。信号是信息的表现形式，是带有信息的物理量，也是运载信息的工具。系统是能够产生、传输和处理信号的物理装置，即若干相互关联、相互作用的事物组合而成的具有特定功能的整体。举个简单的例子，家庭中常常使用的煤气泄漏报警器可以监测周围环境中可燃气体的浓度，从而提醒用户是否存在煤气泄漏。在这个例子中，可燃气体的浓度是否达到需要报警的最低值，即是否处于危险状态就是信息；报警器中的传感器采集可燃气体的浓度会形成一个随浓度高低变化的电压值，这个就是信号；整个报警器的可燃气体浓度采集部分就是一个小的系统。更简单一点，人们能够亲身感受到的常常都属于信息；便于机器理解的是信号；把信息变成信号并进行处理的就是系统。

信号与系统可根据不同的属性和规律进行分类，了解和掌握这些类别之间的差异，并利用仿真软件构建这些信号与系统的数学模型是本章的主要内容。

1.2 重要知识点

1.2.1 信号定义及分类

信号是信息的物理表现和传输载体，它一般是一种随时间变化而变化的物理量。根据物理属性，信号可以分为电信号和非电信号。根据实际用途，信号可以分为电视信号、雷达信号、控制信号、通信信号等。根据时间特性，信号可以分为：一维信号和多维信号、确定信号和随机信号、连续信号和离散信号、模拟信号和数字信号、周期信号和非周期信号、实信号和复信号等。信号的描述方法包括数学函数表达式和图形表达形式。

1.2.2 典型信号

确定性信号是可用确定的时间函数表示的信号。如对于指定的某一时刻 t，有确定的函数值 $f(t)$。理解和掌握常见的确定性信号的数学表达和波形特征，重点包括直流信号、单位斜坡信号、指数信号、正余弦信号、复指数信号和抽样信号等。

1.2.3 信号的简单运算

掌握信号(连续或离散的)的基本运算:加、乘、平移、尺度变换、反转、微分和积分等。掌握信号复合运算的求解方法,并能够以图形方式简要描绘。

1.2.4 系统的描述与分类

由相互作用、相互联系的事物按一定规律组成的具有特定功能的整体,称为系统。分析系统时,需要建立描述该系统的数学模型,求解并对结果赋予实际意义。具体描述某一系统时,既可以用数学模型的形式进行表达,也可以通过系统框图或流图的形式进行表达,以帮助理解。

可从多角度观察和分析系统,将系统分成多种类别。常见分类包括连续与离散系统、线性与非线性系统、时变与时不变系统、因果与非因果系统、记忆与非记忆系统、稳定与发散系统。应熟练掌握从不同观察和分析的角度,对信号进行分类的方法。系统框图的常见表达模块如图 1-1 所示。

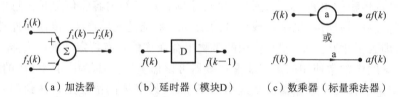

(a)加法器   (b)延时器(模块D)   (c)数乘器(标量乘法器)

图 1-1   系统框图的常见表达模块

1.3   主要公式和典型例题解答

1)连续时间信号和离散时间信号的关系,以及模拟信号和数字信号的关系

连续时间信号和离散时间信号是从时域角度划分的。时域连续变化的信号是连续时间信号;时域离散变化的信号是离散时间信号。在连续时间信号中,幅度也连续变化的信号称为模拟信号;如果时域连续、幅度离散,这类信号可称为阶梯信号。

在离散时间信号中,如果幅度是连续变化的,这类信号称为抽样数值信号;如果幅值也量化成离散数值,则称为数字信号。

那么,在时间和幅度上均连续的信号即为模拟信号;在时间和幅度上均离散的信号即为数字信号。

2)离散序列周期性的判定

例 1.1   如何判断一个正弦序列的周期性?

解   设存在一个正弦序列信号:$x(k) = A\sin(\omega_0 k + \phi) = A\sin\left(2\pi \dfrac{T}{T_0}k + \phi\right)$,其中 A 为幅度常数,T 为系统采样周期,T_0 为正弦波固有周期。那么,$\dfrac{2\pi}{\omega_0} = \dfrac{2\pi}{2\pi T/T_0} = \dfrac{T_0}{T} = \dfrac{N}{M}$,即 $T_0 M = TN$,相当于 N 个采样间隔与 M 个连续正弦信号周期的时间相等。因此,当 N/M 为有理数时,该正弦序列为周期序列。

3）信号的混合运算

例 1.2 已知 $f(t)$ 如图 1-2(a)所示，请画出 $2f\left(-\dfrac{1}{2}t+3\right)$。

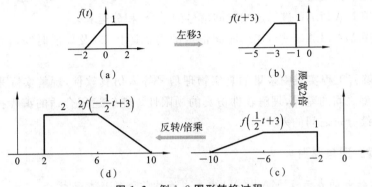

图 1-2 例 1.2 图形转换过程

解 信号绘图题有助于在头脑中建立起一个信号的可视化模型，但往往想象中的信号形态很可能存在错误。因此，建议在完成信号绘图之后，如果感觉没有十足把握，可以选取数个特定值代入公式，并计算结果以进行验证。比如上题中，完成绘图后，若令 $t=1$，可知 $f(1)=1$，$2f\left(-\dfrac{1}{2}+3\right)=2f\left(\dfrac{5}{2}\right)=0$，与图形相符合。同理，对于已知混合运算后的信号波形，求解其原始 $f(t)$ 波形时，也可以用特定值代入法进行验证以确保绘图正确。绘图时，应特别注意关键点（幅度、起始位置、结束位置、波形拐点等）的标注。$2f\left(-\dfrac{1}{2}t+3\right)$ 如图 1-2(d)所示。

4）系统的框图和流图描述

例 1.3 画出差分方程 $4x(k-2)-2x(k-1)+x(k)=y(k)-\dfrac{8}{15}y(k-1)-\dfrac{1}{15}y(k-2)$ 对应的系统框图。

解 对应的系统框图如图 1-3 所示。注意信号框图的转置操作。将输入输出交换，且所有的支路方向倒转，则系统的差分方程和系统函数仍然保持不变。

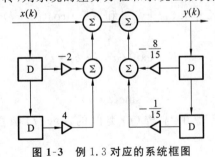

图 1-3 例 1.3 对应的系统框图

1.4 实验指导

1.4.1 实验目的

（1）运用 MATLAB 表示常用连续时间信号和离散时间信号的方法；观察并熟悉

这些信号的波形和特性。

（2）掌握运用 MATLAB 进行连续时间信号和离散时间信号的相加运算、相乘运算、时移、反褶和尺度变换。

（3）运用 MATLAB 进行连续时间信号的微分、积分运算。

（4）运用 MATLAB 进行连续时间信号的卷积运算，以及离散时间信号的卷积和运算。

（5）能够将工程实践中采集的真实物理信号导入仿真软件，理解实际采集信号与理论数学模型之间的差异，理解软件仿真的局限性。能够运用合适的编程技巧弥补离散采样与连续分析之间的差异。

1.4.2 实验原理与说明

1）连续信号的表示及 MATLAB 中生成连续信号的基本函数

（1）连续信号的表示。

连续信号的表示方法有两种：符号运算表示法和向量表示法。

符号运算表示法：使用 sym() 函数对变量进行定义，并进行表示的方法。sym() 函数专门用于创建符号数字、符号变量和符号对象。在这种定义下，运算的结果是一个解析解，而不是一个具体的数值解。

向量表示法：从严格意义上讲，MATLAB 数值计算的方法不能处理连续时间信号。然而，用等时间间距的样值来近似代替连续信号，当取样间隔足够小时，这些离散样值能被 MATLAB 处理，离散的样值也能很好地表达出连续信号的形态。如果再采用一些使得线段平滑的插值手段，其表达效果非常好。此外，在数学模拟仿真中，采用离散信号进行运算也更为方便。

（2）MATLAB 中生成连续信号的基本函数。

MATLAB 提供了大量生成基本信号的函数。如：

① 指数信号为

$$K \cdot \exp(a \cdot t)$$

② 正弦信号为

$$K \cdot \sin(\omega t + \phi) \quad 和 \quad K \cdot \cos(\omega t + \phi)$$

③ 复指数信号为

$$K \cdot \exp((a + i \cdot b) \cdot t)$$

④ 抽样信号为

$$\mathrm{sinc}(t \cdot \pi)$$

注意 在 MATLAB 中用与 $\mathrm{Sa}(t)$ 类似的 $\mathrm{sinc}(t)$ 函数表示，定义为 $\mathrm{sinc}(t) = \sin(\pi t)/(\pi t)$。

⑤ 矩形脉冲信号：$\mathrm{rectpuls}(t, \mathrm{width})$。

⑥ 周期矩形脉冲信号：$\mathrm{square}(t, \mathrm{DUTY})$，其中 DUTY 参数表示信号的占空比 DUTY％，即在一个周期脉冲宽度（正值部分）与脉冲周期的比值。占空比默认为 0.5。

⑦ 三角波脉冲信号为

$$\mathrm{tripuls}(t, \mathrm{width}, \mathrm{skew})$$

其中 skew 取值范围在 $-1 \sim +1$ 之间。

⑧ 周期三角波信号为

$$\text{sawtooth}(t,\text{width})$$

⑨ 单位阶跃信号为

$$\varepsilon(t)=\begin{cases}1,&t\geqslant0\\0,&t<0\end{cases}$$

(3) 常见的确定性信号的 MATLAB 表达式。

① 直流信号为

$$x(t)=C,\quad-\infty<C<+\infty$$

② 单位斜坡信号为

$$x(t)=\begin{cases}t,&t\geqslant0\\0,&t<0\end{cases}$$

③ 指数信号为

$$x(t)=A\text{e}^{-at}$$

④ 正余弦信号为

$$x(t)=A\cos(\omega t+\theta)=A\cos(\omega(t-t_0))=A\sin(\omega t+\theta+\pi/2)$$

⑤ 复指数信号为

$$x(t)=A\text{e}^{St}=A\text{e}^{\sigma t}\text{e}^{\text{j}\omega t}=A\text{e}^{\sigma t}(\cos(\omega t)+\text{j}\sin(\omega t))$$

令

$$S=\sigma+\text{j}\omega。$$

⑥ 抽样信号为

$$x(t)=\text{Sa}(t)=\frac{\sin t}{t}$$

采用符号运算表示法来呈现连续信号时，常见确定性信号的 MATLAB 表达程序如下。

```
clear all; close all;
syms x;
figure(1)
            %%直流信号
C=1;  x=C;
subplot(3,3,1);
ezplot(x);
title('直流信号');
            %%单位斜坡信号
clear all;
syms x;
subplot(3,3,2)
ezplot(x*heaviside(x)); axis([-1,6,-0.2,6]);
title('斜坡信号');
            %%指数信号
clear all;
syms x;
subplot(3,3,3)
ezplot(exp(0.05*x),[-50,50]);
title('指数信号');
```

```
%%正弦余弦信号
clear all;
syms x;
subplot(3,3,4)
ezplot(2*sin(4*x+2),[-5,5]);
title('正弦信号');
subplot(3,3,5)
ezplot(2*cos(4*x-2),[-5,5]);
title('余弦信号');
        %%抽样信号
clear all;
syms x;
subplot(3,3,6)
ezplot(sinc(x*2),[-6,6]);
axis([-6,6,-0.4,1.1]);
title('抽样信号');
        %%矩形信号
clear all;
syms x;
subplot(3,3,7)
ezplot(1.5*(heaviside(x)-heaviside(x-2)));
axis([-0.5,4.5,-0.2,1.6]);
title('矩形信号');
        %%分段混合信号
clear all;
syms x;
subplot(3,3,8)
ezplot((x+2)*(heaviside(x+2)-heaviside(x))+2*(heaviside(x)-heaviside
(x-2)),[-3,3]);
axis([-3.2,3.2,-0.2,2.2]);
title('分段混合信号');
```

常见确定性信号的 MATLAB 图形表示(符号运算表示法)如图 1-4 所示。

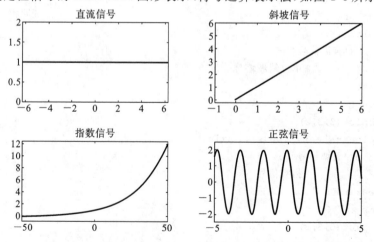

图 1-4　常见确定性信号的 MATLAB 图形表示(符号运算表示法)

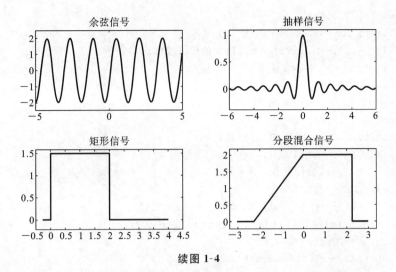

续图 1-4

采用向量表示法来呈现连续信号时,常见确定性信号的 MATLAB 表达程序如下。

```
clear all;
close all;
x=-10:0.01:10;
figure(1)
        %%直流信号
C=ones(size(x));
subplot(3,3,1);
plot(x,C,'-b','lineWidth',2); title('直流信号');
        %%单位斜坡信号
clear all;
x=0:0.01:5; y=-5:0.01:-0.01; t=-5:0.01:5;
C=[0.*y, x.*1];
subplot(3,3,2);
plot(t, C,'-b','lineWidth',2);
axis([-4,4,-0.2,5]); title('单位斜坡信号');
        %%指数信号
clear all;
t=-50:0.1:50; C=exp(0.05*t);
subplot(3,3,3);
plot(t, C,'-b','lineWidth',2);
axis([-50, 50, 0, 15]); title('指数信号');
        %%正弦/余弦信号
clear all;
t=-5:0.01:5; C=2*sin(4*t+2); D=2*cos(4*t-2);
subplot(3,3,4);
plot(t, C,'-b','lineWidth',2); title('正弦信号');
subplot(3,3,5);
plot(t, D,'-b','lineWidth',2); title('余弦信号');
        %%抽样信号
clear all;
t=-5:0.01:5; C=sinc(t*2);
```

```
subplot(3,3,6);
plot(t, C,'-b','lineWidth',2);
axis([-5,5,-0.4,1.1]); title('抽样信号');
          %%矩形信号
clear all;
t=-5:0.01:5;  C=rectpuls(t-1, 4);
subplot(3,3,7);
plot(t, C,'-b','lineWidth',2);
axis([-5,5,-0.2,1.2]);  title('矩形信号');
          %%分段混合信号
clear all;
x=0:0.01:5; y=-5:0.01:-0.01;  t=-5:0.01:5;
C=[rectpuls(y+1,2).*(y+2), rectpuls(x-1,2).*2];
subplot(3,3,8);
plot(t, C,'-b','lineWidth',2);
axis([-5,5,-0.2,2.2]); title('分段混合信号');
```

常见确定性信号的 MATLAB 图形表示(向量表示法)如图 1-5 所示。

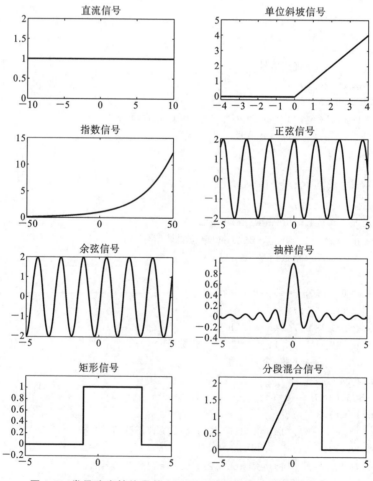

图 1-5　常见确定性信号的 MATLAB 图形表示(向量表示法)

2）离散时间信号的常见表示方法

离散时间信号也称为序列，是连续信号在时间维度上离散的一组序列，一般将其定义为 $x(n)$，其中 n 为整数。一般情况下，离散时间信号通过对连续信号进行等间距抽样获取，抽样间隔为 T。那么，对于连续时间信号 $x(t)$，当 $t = nT$ 时，即被抽样序列的值为 $x(n)$。若将抽样序列的值进一步离散化，可以得到数字序列 $x(k)$。与连续时间信号相类似，离散时间信号同样可以用离散阶跃响应序列、离散矩形脉冲序列、离散指数信号序列、离散正弦/余弦信号序列等相关函数进行表达。MATLAB 程序举例如下。

```
clear all;
close all;
T=1;
n=0:1/T:20;
M=10;
figure(1);
x1=n/2+2;
subplot(3,2,1)
stem(n, x1,'-b','lineWidth',1.5); grid on;
title('线性信号序列');
x2=[zeros(1,5), ones(1,M), zeros(1, size(n,2)-M-5)];
subplot(3,2,2)
stem(n, x2,'-b','lineWidth',1.5); grid on;
axis([0 20 0 1.2]);
title('矩形脉冲序列');
x3=ones(1, size(n,2));
subplot(3,2,3)
stem(n, x3,'-b','lineWidth',1.5); grid on;
axis([-2 20 0 1.2]);
title('阶跃脉冲序列');
x4=exp(0.1*n);
subplot(3,2,4)
stem(n, x4,'-b','lineWidth',1.5); grid on;
title('指数脉冲序列');
x5=sin(n/pi);
subplot(3,2,5)
stem(n, x5,'-b','lineWidth',1.5); grid on;
title('正弦脉冲序列');
x6=cos(n/pi);
subplot(3,2,6)
stem(n, x6,'-b','lineWidth',1.5); grid on;
title('余弦脉冲序列');
```

常见离散时间信号的 MATLAB 图形表示如图 1-6 所示。

3）信号的时移、反褶和尺度变换

信号的平移、反转和尺度变换是针对自变量时间而言的，其数学表达式和波形变换中存在着一定的变化规律。从数学表达式上来看，信号的上述所有计算都是自变量的替换过程，所以在使用 MATLAB 进行连续时间信号的运算时，只需要进行相应的变量

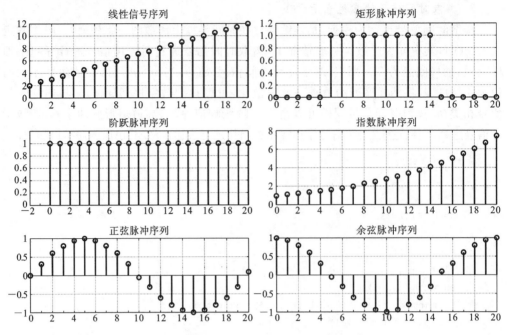

图 1-6 常见离散时间信号的 MATLAB 图形表示

代换即可完成相关工作。

以正弦信号为例来说明。当分别采用符号表示法和向量表示法来实现时，信号的反褶、平移和尺度变换的 MATLAB 表达程序如下。

```
clear all;          %%以下为符号表示法
close all;
syms x;
figure(1)
                    %%以正弦信号为例
subplot(5,1,1)
ezplot(sin(x),[-5,5]);          %%原始信号
grid on;
subplot(5,1,2)
ezplot(sin(-x),[-5,5]);          %%反褶
grid on;
subplot(5,1,3)
ezplot(sin(x-1.5),[-5,5]);          %%平移
grid on;
subplot(5,1,4)
ezplot(sin(x/2),[-5,5]);          %%尺度扩展
grid on;
subplot(5,1,5)
ezplot(sin(2*x),[-5,5]);          %%尺度压缩
grid on;

t=-5:0.01:5;          %%以下为向量表示法
shift=-1.5
C=sin(t);
```

```
C_inv=sin(-t);
C_shift=sin(t+shift);
C_enlarge=sin(t/2);
C_shorten=sin(2*t);
figure(2)
subplot(5,1,1)
plot(t, C,'-b','lineWidth',2)
grid  on;
subplot(5,1,2)
plot(t, C_inv, '-b','lineWidth',2)
grid  on;
subplot(5,1,3)
plot(t, C_shift, '-b','lineWidth',2)
grid  on;
subplot(5,1,4)
plot(t, C_enlarge, '-b','lineWidth',2)
grid  on;
subplot(5,1,5)
plot(t, C_shorten, '-b','lineWidth',2)
grid  on;
```

信号的反褶、平移和尺度变换的 MATLAB 图形表示如图 1-7 所示。

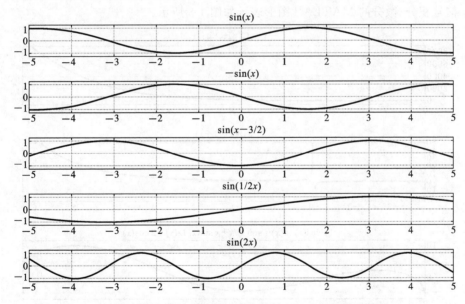

图 1-7　信号的反褶、平移和尺度变换的 MATLAB 图形表示

4）连续时间信号的微分和积分运算

符号运算工具箱有强大的积分运算和求导功能。连续时间信号的微分运算,可使用 diff()函数来完成,其语句格式为

```
diff(function,'variable',n)
```

其中,function 表示需要进行求导运算的函数,或者被赋值的符号表达式;variable 为求导运算的独立变量;n 为求导阶数,默认值为一阶导数。

连续时间信号积分运算可以使用 int() 命令函数来完成,其语句格式为

```
int(function,'variable', a, b)
```

其中,function 表示被积函数,或者被赋值的符号表达式;variable 为积分变量;a 为积分下限,b 为积分上限,没有 a、b 时,默认求不定积分。示例如下。

```
clear all;
close all;
y1=sym('x^5-2*x^2+sqrt(x)/2');
y2=sym('x*exp(x)/(1+x)^2');
y3=sym('x*sin(x)*ln(x)');
symx1x2x3;
x1=int(y1,'x');
x2=int(y2,'x');
x3=diff(y3,'x',2)
subplot(3,1,1)
ezplot(x1);
subplot(3,1,2)
ezplot(x2);
subplot(3,1,3)
ezplot(x3);
```

信号积分、微分的 MATLAB 图形表示如图 1-8 所示。

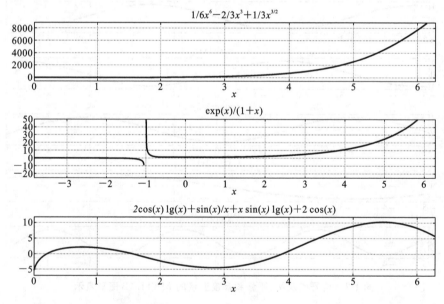

图 1-8 信号积分、微分的 MATLAB 图形表示

5) 简单的信号相加和相乘处理

信号的相加和相乘是信号在同一时刻取值的相加和相乘。因此 MATLAB 对于时间信号的相加和相乘都是基于向量的点运算。示例如下。

```
clear all;
t=-pi:0.01:pi;
f1=sin(2*pi*t);
```

```
f2=sin(8*2*pi*t);
f3=f1+f2;
f4=f1*f2;
subplot(2,2,1);
plot(f1);axis([0 600 -1 1]);
subplot(2,2,2);
plot(f2);axis([0 600-1 1]);
subplot(2,2,3);
plot(f3);axis([0 600 -2 2]);
subplot(2,2,4);
plot(f4);axis([0 600 -1 1]);
```

信号相加、相乘的 MATLAB 图形表示如图 1-9 所示。

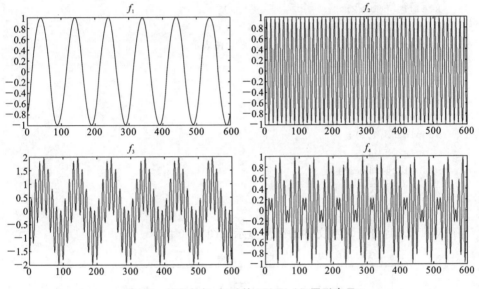

图 1-9　信号相加、相乘的 MATLAB 图形表示

1.4.3　实例介绍

在工程实践中,自然界的物理信号往往都是模拟信号,需要利用各类不同的传感器对其进行采样后再进行处理。采样处理过程可以是在线实时的,也可以是离线非实时的。采样并量化后得到的数字信号更适合在计算机或嵌入式系统进行处理。当利用MATLAB 进行仿真分析时,也常常需要利用真实采样信号作为输入信号以提高仿真结论的可信度。因此,需要掌握如何在 MATLAB 中读取真实采样信号的方法。

实例一　文本信号输入及图形描述

通常传感器采集到的信号会被保存为文本格式(".txt"或者".dat"),这是在真实采样信号的打开方式中最为简单实用的一种方式,建议同学们熟练掌握。此时,采用importdata()函数就能将已保存的信号读入程序中,以便于后续处理。这一方法在进行离散仿真时特别有用。举例来说,在旋翼飞行器的控制当中,飞行器的高度和姿态信息是非常重要的,我们可以通过气压传感器和陀螺仪来获取这些重要信息。假设我们设置好的传感器已经采集到了一组飞行器飞行角度和高度的数据,将其文本文件命名为"sampling_ang_hei.txt",我们就可以利用 MATLAB 软件将其打开后以图形形式表现,这样可以更加直观地了解飞行器的姿态变化情况,从而进一步对其飞行姿态进行有针对性的控制。

```
clear all;                                   % 清空内存
close all;                                   % 清理窗口
data0=importdata('D:\Matlab7\work\sampling_ang_hei.txt');
                                             % 文件存放位置
a0=data0(:,1);                               % 将源文件按照列的顺序分别抽取出来
b0=data0(:,2);
number1=length(a0);                          % 原始数据长度
number2=length(b0);                          % 原始数据长度
x1=1:1:number1;
x2=1:1:number2;
figure;
subplot(2,1,1);                              % 绘图表示
plot(x1,a0);
xlabel('时间/ms');
ylabel('高度/cm');
title('高度');
subplot(2,1,2);
plot(x2,b0);
xlabel('时间/ms');
ylabel('角度/(°)');
title('角度');
```

用 MATLAB 打开文本文件的图形显示如图 1-10 所示。

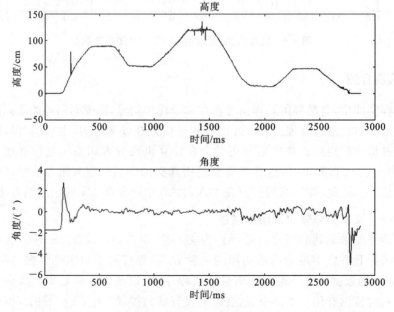

图 1-10 用 MATLAB 打开文本文件"sampling_ang_hei.txt"的图形显示

实例二 音频信号采集及图形描述

这一类特殊的信号采样使用专用的音频信号读取命令 wavread( )；在 MAT-LAB2014 以后的版本中，该命令被 audioread( )取代（两者使用方式大致相同，具体差异请参考 MATLAB 的帮助文件）。值得注意的是，该命令在调用时有专用的调用格式。[y，Fs，bits]＝wavread('filename')是这一命令最常见的调用方式，其中 y 是读取的全部语音数据，Fs 为采样频率，bits 为该采样样本的比特数。这一命令仅能打开未被压缩的原始 wav 文件，对于压缩了的文件，需要用到其他解码程序包。我们以 Windows 系统自带的 wav 文件为例进行说明。

```
clear all; close all;
[y, Fs, bits]=wavread('C:\Windows\Media\Windows Menu Command.wav');
                % 文件存放位置
y=y(:,1);       % 取单声道信号
sigLength=length(y);
Y=fft(y,sigLength);
Pyy=Y.*conj(Y) / sigLength;
halflength= floor(sigLength/2);
f=Fs*(0:halflength)/sigLength;
figure;
subplot(2,1,1);
plot(f,Pyy(1:halflength+1));
xlabel('频率/Hz');
t=(0:sigLength-1)/Fs;
subplot(2,1,2);
plot(t,y);
xlabel('时间/s');
```

用 MATLAB 打开 Windows 自带音频文件的图形显示如图 1-11 所示。

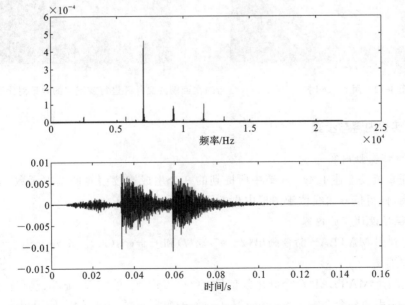

图 1-11 用 MATLAB 打开 Windows 自带音频文件"Windows Menu Command. wav"的图形显示

实例三　图像信号输入及图形描述

图像信号一般会保存在扩展名为".jpg"和".bmp"的文件中,对这一类特殊的信号可以采用专用的图像信号读取命令 imread()。A＝imread(filename,fmt)是这一命令的最常见调用方式,其中全部图像信号数据将赋值给变量 A,而作为函数参数的 fmt 通常是指可打开的图片文件格式,以".jpg"和".bmp"最为常见,有时也用于读取".png"和".tif"文件。我们同样以 Windows 系统自带的 bmp 文件(oemlogo.bmp)为例进行说明。将图片读入系统后,对其进行灰度化,并将灰度化后的结果保存(写操作可以采用函数 imwrite())在系统的桌面。最常见的调用方式为 imwrite(A,filename,fmt),其中 A 是预保存的文件,filename 是新保存的文件名(如果需要指定保存路径时,请使用单引号),fmt 的用途与上文相同。程序执行结果见图 1-12。

```
clear all;
close all;
image_data=imread('C:\Windows\Web\Wallpaper\Windows\img0.jpg');
figure(1);
subplot(1,2,1)
imshow(image_data);
image_data_grey=rgb2gray(image_data);
subplot(1,2,2)
imshow(image_data_grey);
imwrite(image_data_grey, 'C:\Documents and Settings\Administrator\desk-
top\img0_grey.jpg');
```

图 1-12　用 imread 打开 Windows 自带的桌面图片文件并进行灰度化的效果对比图

1.4.4　实验内容与步骤

1) 验证实验内容

验证直流及上述 1.4.2 小节中所提到的 9 个生成连续信号的基本函数,适当调整坐标范围,使得信号曲线位于图形中央方便观察的位置。

2) 程序设计实验内容

(1) 利用 MATLAB 命令画出 $(2-e^{-t})u(t)$ 和 $[1+\cos(\pi t)][u(t)-u(t-2)]$ 连续信号的波形图。

(2) 利用 MATLAB 命令画出复信号 $f(t)=2e^{j(t+\pi/4)}$ 的实部、虚部、模和辐角。

(3) 使用微分命令求 $y=x\sin(x)\ln(x)$ 关于变量 x 的一阶导数;使用积分命令计算

不定积分 $\int \left(x^5 - ax^2 + \dfrac{\sqrt{x}}{2} \right) \mathrm{d}x$，定积分 $\int_0^1 \dfrac{x\mathrm{e}^x}{(1+x)^2} \mathrm{d}x$。

（4）已知 $f_1(t) = \sin(\Omega t)$，$f_2(t) = \sin(8\Omega t)$，使用命令画出两个信号的和，以及两个信号乘积的波形图。其中，$f = \dfrac{\Omega}{2\pi} = 1$ Hz。

（5）请利用 Windows 自带的录音机录制一段自己的语音信号（建议录制内容为元音发音），然后将录制后的信号进行尺度变换（抽取和内插），再另存为新文件。试比较原始语音信号与新信号的差异。

1.4.5　实验注意事项

（1）对于一个实验内容中需要描绘多幅图形的题目，请以分图形的形式（使用 MATLAB 中的 subplot 命令）尽量将多幅图形集中绘制在一张大图（figure）中。

（2）图中的坐标和标题栏请根据实际需要进行绘制，尽量按照约定俗成的表现规律使得图形内容清晰易懂。

（3）当程序发生运行错误时，请一定认真查看错误提示（MATLAB 的提示多为英文，请务必理解），并多使用 MATLAB 自带的帮助文件进行查错、纠错。常见函数的正确使用方法均可在帮助文件中找到。

1.4.6　实验报告要求

实验报告要求体现如下五部分：实验名称、实验目的、实验方案、实验内容、实验思考等。其中，实验方案应该描述清楚实验环境以及如何实施本次实验；实验内容应该包括程序设计、以图表形式记录的数据、以及对数据的分析和解释，并给出结论；实验思考应该体现自己对本次实验实施过程中的理解。

1.5　学习思考

（1）复指数信号如何以图形的形式来表现？如果采用 MATLAB 编程实现，应该怎么做？

（2）假如采用 importdata() 函数来打开一个 wav 音频文件，会是什么效果？

2

LTI 系统的时域分析

2.1 引言

线性时不变系统(linear and time-invariant system，LTI)，该系统有时候也称为线性移不变系统(linear shift-invariant system，LSI)，两者含义基本相同，包括 LTI 连续系统和LTI 离散系统，既具有叠加性又有时不变特征。假如一个系统同时满足线性和时不变性，那么，该系统就为线性时不变系统。线性时不变系统可以由单位冲激响应或者系统函数表征，通过卷积运算或者滤波进行分析，这是对于 LTI 系统来说的。然而，这一重要前提常常为同学们所忽略，一旦遇到的系统不满足线性时不变的性质，那么对该系统进行分析时，就不能简单用卷积运算或滤波方式来模拟，工程应用要变得复杂很多。

LTI 系统的时域分析方法，即在时间域内，对于给定的激励，根据系统响应与激励关系的数学方程求其响应的方法。LTI 连续系统和 LTI 离散系统的时域分析方法在很多方面有着并行的相似性，这有利于读者的理解和学习，不过也要关注两者之间存在的重要差异。了解 LTI 系统的经典解，理解并掌握卷积积分和卷积和的概念及相关性质，掌握单位冲激响应的计算以及 LTI 系统的特性，并运用仿真软件构建信号与系统的数学模型，同时求解系统的零状态响应、零输入响应、全响应、冲激响应、卷积应是本章的主要内容。

同学们在学习这一章内容的时候，必须有所了解，严格满足线性且时不变条件的系统在真实世界中并不容易找到，大多数系统总是会受到意想不到的干扰，从而不满足时不变的条件。而线性条件的要求则更为严格，一旦系统同时受两个乘性变量的影响，则不满足线性条件。但是同时也存在很多变化相对缓慢，在一定时间内能够保持系统特性不发生重大变化的系统。这一类系统在工程中完全可以被近似作为线性时不变系统来对待，这有利于简化系统结构，快速实现工程应用的重要意义。特别是在对一个尚不十分熟悉的系统进行数学建模分析时，以一个相对简单的 LTI 系统作为起始仿真模型是不错的工程选择。

2.2 重要知识点

2.2.1 LTI 系统的数学模型

通过建立系统的数学模型，能利用有效的数学工具解决实际问题。描述 LTI 连续系统激励和响应之间关系的数学模型是线性常系数微分方程,描述 LTI 离散系统的数学模型是具有递推关系的线性常系数差分方程。虽然说线性时不变系统的数学模型是常系数线性微分(差分)方程,但是由常系数线性微分(差分)方程描述的系统不一定是线性时不变系统,还需要其他的条件进行限制。满足常系数线性微分(差分)方程是线性时不变系统的必要条件,选择合适的边界条件才有可能是线性时不变系统。同样,常系数线性微分(差分)方程描述的不一定是因果系统,它只是一个单纯描述系统输入输出关系的数学表达式。根据系统因果性的定义分析常系数线性微分(差分)方程的因果性问题,某些常系数线性微分(差分)方程表示的系统是因果系统,某些不是因果系统,或者无法进行判断。微分方程和差分方程的求解方法在很大程度上是相互对应的,这方便读者学习理解。

n 阶常系数线性微分方程为

$$\sum_{j=0}^{n} a_j y^{(j)}(t) = \sum_{i=0}^{m} b_i f^{(i)}(t)$$

n 阶常系数线性差分方程(后向差分)为

$$\sum_{k=0}^{N} a_k y(n-k) = \sum_{m=0}^{M} b_m f(n-m)$$

2.2.2 系统的状态

一般可以将系统的最初状态分为初始状态和起始状态,初始状态是在没有接入输入信号时系统的状态,起始状态是输入信号刚接入时的状态。因此初始状态与外加输入信号无关,起始状态与外加输入信号有关。

对于连续时间系统,输入信号 $f(t)$ 是以 $t=0$ 或 $t=t_0$ 为起始时间接入系统,那么在起始时间之前即 $t=0_-$ 或 $t=t_{0-}$ 时的系统状态称为初始状态,用 $y^{(j)}(0_-)$ 或者 $y^{(j)}(t_{0-})$ 表示;在起始时间之后即 $t=0_+$ 或 $t=t_{0+}$ 时的系统状态称为起始状态,用 $y^{(j)}(0_+)$ 或者 $y^{(j)}(t_{0+})$ 表示。用经典法求解微分方程时,可由初始条件来确定解的待定系数。

对于 LTI 离散系统,重要的是分析系统的初始状态,对接入激励信号后的系统状态没有太大的分析意义。例如,一阶差分方程为 $y(n)-5y(n-1)=0.6u(n)$,令 $n=-2$,差分方程变为 $y(-2)-5y(-3)=0$,显然 $y(-2)$ 是该系统的初始条件,且与 $x(n)$ 无关。

若某系统处于静止状态或者松弛状态,这指的是系统的初始状态为零,在输入信号加入前没有任何储能,输入信号加入后为零状态响应。

2.2.3 零状态响应和零输入响应

LTI 系统的完全响应可以分为零输入响应和零状态响应,即 $y(\cdot)=y_{zi}(\cdot)+y_{zs}(\cdot)$。零输入响应是输入为零时,仅仅是由系统的初始状态所引起的响应,用 $y_{zi}(\cdot)$ 表示。零状态响应是系统初始状态为零时,仅仅由输入信号引起的响应,用 $y_{zs}(\cdot)$ 表示。

在系统的初始状态不为零的情况下,零输入响应才有意义。系统的结构和原始储能决定了系统的零输入响应,跟外加输入信号毫无关系。如若系统的微分方程不变,初始状态不变,那么零输入响应也不变。因没有外加输入信号,仅仅由原始储能不为零而产生的输出必然会随着时间的流逝而衰减到零。

初始松弛系统的响应是零状态响应,通常研究的是一个系统对一个输入信号引起的输出响应,不含零输入响应的因素。对于零状态响应,它的表达方程式为单位冲激响应与输入信号的卷积。

2.2.4 自由响应和强迫响应

系统的完全响应(完全解)是自由响应和强迫响应的相加,即 $y(\cdot)=y_h(\cdot)+y_p(\cdot)$,解中的待定系数由边界条件确定。系统的自由响应对应的是方程的齐次解,由特征根决定解的形式;系统的强迫响应对应的是方程的特解,是将外加输入信号输入系统的响应,由输入信号的形式确定。对于电路,由 0_- 到 0_+ 时刻的电路根据物理概念求得边界条件;对于微分方程,由外加激励和微分方程共同确定边界条件;对于差分方程,可由差分方程的阶次和输入序列共同确定边界条件。在时域求解微分方程及差分方程的过程比较烦琐,时域分析重点在于理解概念。实际上,学会应用本章中各种响应的概念,并结合后面章节的拉氏变换以及 z 变换,是求解线性时不变系统响应的最佳途径。

零状态响应和零输入响应、自由响应和强迫响应这两对响应之间的关系即为:自由响应包括了零输入响应和零状态响应中的齐次解部分,强迫响应则包括了零输入响应和零状态响应中的特解部分。

2.2.5 单位冲激响应和单位序列响应

单位冲激响应指的是线性时不变系统在单位冲激信号 $\delta(t)$ 的激励下产生的零状态响应,用 $h(t)$ 来表示。即 $h(t)\equiv T[\{0\},\delta(t)]$。这里有两层意义:一是输入信号要为单位冲激信号 $\delta(t)$;二是系统的初始状态为零。说明系统处于零状态,是初始松弛的,输入信号与其他外加激励无关,确定为 $\delta(t)$,只要系统的结构以及参数不变,无论系统输入什么信号,系统的单位冲激响应 $h(t)$ 都不会变。换言之,只要系统确定了,$h(t)$ 也就唯一确定了,是系统的固有参量,与外加信号无关。因此,$h(t)$ 可以直接表征系统的一些特性,是线性时不变系统的时域表征。

单位序列响应又称单位取样响应(可近似理解为单位冲激响应的数字化,其输入信号由单位冲激信号变成了单位序列信号,起作用的时长依然为一个时间点,但信号幅度由无穷大变为了单位强度,即 $\delta(t)$ 与 $\delta(n)$ 的区别),由 $h(n)$ 来表示,指的是线性时不变系统在单位冲激序列 $\delta(n)$ 的激励下产生的零状态响应。它在线性时不变离散系统中的作用,类似于单位冲激响应 $h(t)$ 在线性时不变连续系统中的作用。系统的单位序列响应可以通过差分方程或者 z 变换求解。由于 $\delta(n)$ 仅在 $n=0$ 处,幅度值为1,而在 $n>0$ 时为零,因而 $n>0$ 时,系统的单位序列响应和系统的零输入响应两者的函数形式相同,那么可以将 $n=0$ 处的值 $h(0)$ 按零状态的条件由差分方程确定,单位序列响应的问题转化为求差分方程齐次解的问题。

2.2.6 卷积积分和卷积和

卷积是线性时不变系统时域分析的核心内容,需要重点复习。对于线性系统,可以将输入信号分解为众多简单的信号之和。如果求得简单信号作用于系统的响应,那么所有这些响应叠加起来就是该输入作用于系统的响应。一个任意的输入信号可以分解为指数函数、冲激函数、阶跃函数等。

在 LTI 连续时间系统中，一般将激励信号分解为一系列的冲激函数，求出各冲激函数单独作用于系统时的冲激响应，把这些冲激响应叠加即可得到系统对此激励信号的零状态响应，这个过程称为卷积积分。因而利用冲激响应可以求解线性时不变系统对任意激励的零状态响应。

$$y_{zs}(t) = f(t) * h(t) = \int_{-\infty}^{+\infty} f(\tau)h(t-\tau)\mathrm{d}\tau$$

卷积积分是一种很重要的数学方法，通过它的有关图形能够很直观地表明卷积的含义，这也有利于对卷积概念的理解。一般而言，若有两个函数 $f_1(t)$ 和 $f_2(t)$，卷积积分则为 $f_1(t) * f_2(t) = \int_{-\infty}^{+\infty} f_1(\tau)f_2(t-\tau)\mathrm{d}\tau$，卷积积分过程可分解为以下四步。

（1）换元：
$$t \text{ 换为 } \tau \rightarrow \text{得 } f_1(\tau), f_2(\tau)$$

（2）反转平移：
$$\text{由 } f_2(\tau)\text{反转} \rightarrow f_2(-\tau); \text{右移 } t \rightarrow f_2(t-\tau)$$

（3）乘积：
$$f_1(\tau)f_2(t-\tau)$$

（4）积分：
$$\tau \text{ 从} -\infty \text{到} +\infty \text{对乘积项积分}$$

注意：t 为参变量。

在 LTI 离散时间系统中，由于离散时间信号本身就是一个序列，将激励信号分解为一系列单位序列很容易完成，然后求得每个单位序列单独作用于系统的响应，把这些序列的响应叠加即得到该激励信号的零状态响应，这个相加的过程称为卷积和。LTI 离散系统对于任意激励的零状态响应可由激励与系统单位序列响应的卷积和得到。

$$y_{zs}(n) = f(n) * h(n) = \sum_{i=-\infty}^{+\infty} f(i)h(n-i)$$

若有两个序列 $f_1(n)$ 和 $f_2(n)$，卷积和为 $f(n) = f_1(n) * f_2(n) = \sum_{i=-\infty}^{+\infty} f_1(i)f_2(n-i)$。如果 $f_1(n)$ 是因果序列，即有 $n < 0, f_1(n) = 0$，则求和下限可以改写为零，即 $f(n) = f_1(n) * f_2(n) = \sum_{i=0}^{+\infty} f_1(i)f_2(n-i)$；如果 $f_2(n)$ 是因果序列，则需要满足 $n-i < 0$ 时，$f_2(n-i) = 0$，那么求和公式的上限可以由正无穷大改写为 n，即 $y_{zs}(n) = f(n) * h(n) = \sum_{i=-\infty}^{n} f(i)h(n-i)$；如果两个序列 $f_1(n)$ 和 $f_2(n)$ 均为因果序列，即有 $n < 0, f_1(n) = f_2(n) = 0$，则 $y_{zs}(n) = f(n) * h(n) = \sum_{i=0}^{n} f(i)h(n-i)$。因此，计算卷积和时，正确地选定参变量 n 的适用区域以及确定相应的求和上限和下限是十分关键的步骤。另外求解卷积和也可采用图解法，但一般针对求解简单序列卷积和。图解法求卷积和的步骤如下。

（1）换元：
$$n \text{ 换为 } i \rightarrow \text{得 } f_1(i), f_2(i)$$

（2）反转平移：

$$由 f_2(i) 反转 \rightarrow f_2(-i)；右移 n \rightarrow f_2(n-i)$$

（3）乘积：

$$f_1(i) f_2(n-i)$$

（4）求和：

$$i 从 -\infty 到 +\infty 对乘积项求和$$

注意：n 为参变量。

2.2.7 LTI 系统的特性

离散时间系统和连续时间系统的分析方法是一样的。LTI 系统的性质包括：记忆性、可逆性、因果性、稳定性，用 $h(t)$ 来表征线性时不变系统的特征。在判断系统性质时，要求针对所有的输入该性质都成立，如果系统在其他不同的输入情况下不成立，那么系统不具有该性质。

（1）记忆性：任何时刻的输出信号仅取决于同一时刻的输入信号值，而与其他时刻的输入信号无关。在一个 LTI 系统中，满足记忆性的条件为，$h(t)=0, t \neq 0$ 或者 $h(n)=0, n \neq 0$。

（2）可逆性：给定一个系统的冲激响应为 $h(t)$，逆系统的冲激响应为 $h_1(t)$，则

$$h(t) * h_1(t) = \delta(t)$$

（3）因果性：系统某一时刻的输出仅由当时时刻的输入和之前的输入决定，与未来的输入无关。连续和离散时间 LTI 系统的因果判据是 $h(t)=0, t<0$ 或者 $h(n)=0$，$n<0$。对于线性系统，因果性等效于初始松弛。

（4）稳定性：对于所有有界的输入，其零状态响应都是有界的。维持连续和离散时间 LTI 系统稳定性的充要条件是：

$$\int_{-\infty}^{+\infty} |h(\tau)| \, d\tau < \infty \quad 或者 \quad \sum_{n \to -\infty}^{+\infty} |h(n)| < \infty$$

2.2.8 LTI 系统的结构

LTI 系统的结构主要有两种，分别是级联与并联，如图 2-1 所示。其中，级联在时域中进行的是卷积运算，并且子系统的先后次序交换也不会影响系统总的响应，而并联在时域中进行的是加运算。LTI 连续系统的级联，总的单位冲激响应等于各子系统单位冲激响应的卷积，即 $h(t)=h_1(t) * h_2(t) * \cdots * h_n(t)$；连续系统的并联，总的单位冲激响应等于各子系统单位冲激响应相加，即 $h(t)=h_1(t)+h_2(t)+\cdots+h_n(t)$。LTI 离散系统的级联，总的单位取样响应等于子系统单位取样响应的卷积，即 $h(n)=h_1(n) *$

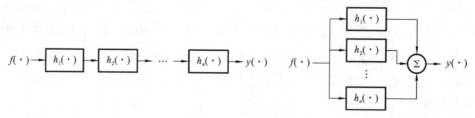

图 2-1 系统的级联和并联

$h_2(n)*\cdots*h_m(n)$；离散系统的并联，总的单位取样响应等于各子系统单位取样响应相加，即 $h(n)=h_1(n)+h_2(n)+\cdots+h_m(n)$。

2.3　主要公式和典型例题解答

1) 微分方程的经典解

常系数微分方程的求解方法是本章的重要内容，是章节复习的重点和难点，要求理解齐次解和特解的计算方法，掌握初始条件的使用方法。其中，微分和差分方程的特解需要特别留意其具体形式，见表 2-3 和表 2-4。

例 2.1　若描述某连续系统的微分方程为 $y''(t)+3y'(t)+2y(t)=2f'(t)+6f(t)$，已知 $y(0_-)=2$，$y'(0_-)=1$，$f(t)=\varepsilon(t)$，求该系统的零输入响应、零状态响应以及全响应。

解　(1) 求零输入响应 $y_{zi}(t)$。方程为
$$y''_{zi}(t)+3y'_{zi}(t)+2y_{zi}(t)=0$$
特征方程为 $\lambda''+3\lambda'+2\lambda=0$，求得特征根为
$$\lambda_1=-1,\quad \lambda_2=-2$$
故零状态响应
$$y_{zi}(t)=C_{zi1}e^{-t}+C_{zi2}e^{-2t}$$
由于已知 $y(0_-)=2$，$y'(0_-)=1$，那么可以推导出其 0_+ 时刻值为：
$$y_{zi}(0_+)=y_{zi}(0_-)=y(0_-)=2$$
$$y'_{zi}(0_+)=y'_{zi}(0_-)=y'(0_-)=1$$
解得 $C_{zi1}=5$，$C_{zi2}=-3$，代入得
$$y_{zi}(t)=5e^{-t}-3e^{-2t},\quad t\geq 0$$

(2) 求零状态响应 $y_{zs}(t)$。由 $f(t)=\varepsilon(t)$ 得方程为
$$y''_{zs}(t)+3y'_{zs}(t)+2y_{zs}(t)=2\delta(t)+6\varepsilon(t)$$
由于上式等号含 $\delta(t)$，令 $y''_{zs}(t)=a\delta(t)+r_0(t)$，从 $-\infty\to t$ 积分得
$$y'_{zs}(t)=r_1(t),\quad y_{zs}(t)=r_2(t)$$
将 $y''_{zs}(t)$、$y'_{zs}(t)$、$y_{zs}(t)$ 代入 $y''_{zs}(t)+3y'_{zs}(t)+2y_{zs}(t)=2\delta(t)+6\varepsilon(t)$ 得 $a=2$，再对
$$y''_{zs}(t)=a\delta(t)+r_0(t),\quad y'_{zs}(t)=r_1(t)$$
从 0_- 到 0_+ 积分，又
$$\int_{0_-}^{0_+}r_0(t)\mathrm{d}t=0,\quad \int_{0_-}^{0_+}r_1(t)\mathrm{d}t=0$$
求得 $y'_{zs}(0_+)=2$，$y_{zs}(0_+)=0$，得
$$y''_{zs}(t)+3y'_{zs}(t)+2y_{zs}(t)=6,\quad y_{zs}(t)=C_{zs1}e^{-t}+C_{zs2}e^{-2t}+3$$
将初始值 $y'_{zs}(0_+)=2$ 及其导数和 $y_{zs}(0_+)=0$ 代入上式，得
$$y_{zs}(0_+)=C_{zs1}+C_{zs2}+3=0$$
$$y'_{zs}(0_+)=-C_{zs1}-2C_{zs2}=2$$
求得 $C_{zs1}=-4$，$C_{zs2}=1$，故 $y_{zs}(t)=-4e^{-t}+e^{-2t}+3$，$t\geq 0$。

(3) 求全响应 $y(t)$。方程为
$$y(t)=y_{zi}(t)+y_{zs}(t)=5e^{-t}-3e^{-2t}-4e^{-t}+e^{-2t}+3,\quad t\geq 0$$

说明 根据给定的初始状态,建议取特定值代入计算以进行验证。

2)单位冲激响应的计算

例 2.2 已知 LTI 系统的初始状态为零,当输入信号 $f(t)=u(t)$ 时,输出为 $y(t)=e^{-3t}u(t)$,求如下信号输入时系统的输出。

(1) $f(t)=\delta(t)$ (2) $f(t)=2u(t-2)$

解

(1) $y(t)=h(t)=\dfrac{\mathrm{d}g(t)}{\mathrm{d}t}=\dfrac{\mathrm{d}[e^{-3t}u(t)]}{\mathrm{d}t}=-3e^{-3t}u(t)$

(2) $y(t)=2g(t-2)=2e^{-3(t-2)}u(t-2)$

说明 已知 LTI 系统的初始状态为零,说明求的是零状态解。理解单位冲激响应和单位阶跃响应的定义,并利用两者之间的关系求解,即 $h(t)=\dfrac{\mathrm{d}g(t)}{\mathrm{d}t}$,即存在 $\delta(t)=\dfrac{\mathrm{d}u(t)}{\mathrm{d}t}$。

3)卷积积分

例 2.3 计算下列卷积。

(1) $f(t)=e^{-t}u(t)*u(t)$

(2) $f(t)=u(t)*u(t)$

(3) $f(t)=u(t)*u(t-2)$

解

(1) $f(t)=\displaystyle\int_{-\infty}^{+\infty}e^{-\tau}u(\tau)u(t-\tau)\mathrm{d}\tau=\int_{0}^{t}e^{-\tau}\mathrm{d}\tau=(1-e^{-t})u(t)$

(2) $f(t)=\displaystyle\int_{-\infty}^{+\infty}u(\tau)*u(t-\tau)\mathrm{d}t=\int_{0}^{t}\mathrm{d}t=u(t)$

(3) $f(t)=\displaystyle\int_{-\infty}^{+\infty}u(\tau-2)*u(t-\tau)\mathrm{d}t=\int_{1}^{t}\mathrm{d}t=(t-1)u(t-2)$

说明 对于非时限信号的卷积,通常采用卷积公式求解较简单。对于有限持续时间信号的卷积,卷积积分中需要确定上下限。需要注意的是,在得出卷积结果后要明确时间变量 t 的取值范围,一般用 $u(t)$ 来表示,其中 t 为积分上限减去积分下限。

例 2.4 求下列函数的卷积。

(1) $f(t)=\sin t*\delta(t-2)$

(2) $f(t)=u(t-2)*\delta'(t)$

(3) $f(t)=\dfrac{\mathrm{d}[e^{3t}\mathrm{Sa}(2t)]}{\mathrm{d}t}*u(t)$

解

(1) $f(t)=\sin t*\delta(t-2)=\sin(t-2)$

(2) $f(t)=u(t-2)*\delta'(t)=\delta(t-2)$

(3) $f(t)=\dfrac{\mathrm{d}[e^{3t}\mathrm{Sa}(2t)]}{\mathrm{d}t}*u(t)=e^{3t}\mathrm{Sa}(2t)*\delta(t)=e^{3t}\mathrm{Sa}(2t)$

说明 卷积计算方法有三种:利用卷积公式直接计算,利用图解法求时限信号的卷积,以及利用性质简化卷积运算。当卷积运算包含 $\delta(t)$、$\delta(t)$ 的位移、$\delta'(t)$ 时,一般利用性质来简化计算。对比较复杂的信号或者多信号卷积,可以利用图解法得到结果后再写表达式。计算中可利用的卷积性质如下。

$$f(t) * \delta(t) = f(t)$$

$$f(t) * \delta(t-\tau) = f(t-\tau)$$

$$f(t) * \delta'(t) = f'(t)$$

$$f_1(t) * f_2(t) = \frac{\mathrm{d}f_1(t)}{\mathrm{d}t} * \int_{-\infty}^{t} f_2(t)\mathrm{d}\tau$$

4）卷积和

例 2.5　已知 LTI 系统的单位抽样响应 $h(t) = a^n u(t)$，其中 $0 < a < 1$，求输入信号为 $x(n) = u(n) - u(n-N)$ 时的系统响应。

解　$y(n) = \sum_{-\infty}^{+\infty} h(m)x(n-m) = \sum_{-\infty}^{+\infty} a^m u(m)[u(n-m) - u(n-N-m)]$

$$= \sum_{-\infty}^{+\infty} a^m u(m)u(n-m) - \sum_{-\infty}^{+\infty} a^m u(m)u(n-N-m)$$

$$= \sum_{m=0}^{n} a^m - \sum_{m=0}^{n-N} a^m = \frac{1-a^{n+1}}{1-a}u(n) - \frac{1-a^{n-N+1}}{1-a}u(n-N)$$

说明　利用公式计算卷积和时，需注意对于有时间界定范围的信号，需要确定累加和的上下限，求得最后结果记得用 u 函数标注自变量的取值范围。

5）有限序列卷积的计算

例 2.6　已知序列 $x_1(n) = \{-1 \quad 2 \quad 3 \quad 2\}$，$x_2(n) = \{-5 \quad 2 \quad 1\}$，求这两个序列的卷积。

解

$x_1(n)$:	−1	2	3	2	
$x_2(n)$:	−5	2	1		
	−1	2	3	2	
	−1	4	6	4	
5	−10	−15	−10		
$x(n)$: 5	−11	−12	−2	7	2

说明　对于有限长序列的卷积，最简单的方法是采用"对位相乘求和法"，将两个序列对位做不进位的乘法，相乘的结果以乘数位置按右端对齐排列，然后同列相加即得输出的卷积和序列。作为卷积结果的序列长度为参与卷积的两序列长度之和再减一。如例 2.6 中，两个序列长度分别为 4 和 3，因此卷积后的序列长度为 4+3−1=6。

6）系统特性判断

例 2.7　判断系统 $r(t) = e(t)\sin(w_0 t)$ 是否具有线性、时不变性、因果性、稳定性、记忆性等特性。

解　$H[e_1(t)] = e_1(t)\sin(w_0 t)$，　$H[e_2(t)] = e_2(t)\sin(w_0 t)$

则　　$H[ae_1(t) + be_2(t)] = [ae_1(t) + be_2(t)]\sin(w_0 t)$

$$= ae_1(t)\sin(w_0 t) + be_2(t)\sin(w_0 t)$$

而
$$ar_1(t)+br_2(t)=ae_1(t)\sin(w_0t)+be_2(t)\sin(w_0t)$$

两者相等,故系统为线性的。由 $H[e(t)]=e(t)\sin(w_0t)$,则

$$H[e(t-t_0)]=e(t-t_0)\sin(w_0t)$$

而
$$r(t-t_0)=e(t-t_0)\sin(w_0(t-t_0))$$

两者不相等,故系统不是时不变的;系统 t 时刻的输出只与 t 时刻的输入有关,故系统为因果的。

当输入有界,即 $|e(t)|\leqslant M$,则

$$|r(t)|=|e(t)\sin(w_0t)|=|e(t)|\cdot|\sin(w_0t)|\leqslant M$$

即输出有界,因此系统是稳定的。

因系统的输出只与当前时刻的输入有关,与过去无关,故系统为无记忆的。

说明 系统的输出既与输入信号有关又与系统其他信号有关。明确系统的运算规则是判断系统特性的关键所在,本系统的运算规则是输入信号乘以一个正弦信号得到输出信号。

7) 重要公式

本章常见公式见表 2-1、表 2-2、表 2-3、表 2-4。

表 2-1 卷积积分公式表

序号	公 式 名 称	公 式
(1)	交换律	$f_1(t)*f_2(t)=f_2(t)*f_1(t)$
(2)	结合律	$[f_1(t)*f_2(t)]*f_3(t)=f_1(t)*[f_2(t)*f_3(t)]$
(3)	分配律	$f_1(t)*[f_2(t)+f_3(t)]=[f_1(t)*f_2(t)]+[f_1(t)*f_3(t)]$
(4)	微分	$\dfrac{d[f_1(t)*f_2(t)]}{dt}=\dfrac{df_1(t)}{dt}\cdot f_2(t)=f_1(t)*\dfrac{df_2(t)}{dt}$
(5)	积分	$\displaystyle\int_{-\infty}^{t}f_1(\tau)*f_2(\tau)d\tau=\int_{-\infty}^{t}f_1(\tau)d\tau*f_2(\tau)=f_1(\tau)*\int_{-\infty}^{t}f_2(\tau)d\tau$
(6)	简化运算	$\dfrac{df_1(t)}{dt}*\displaystyle\int_{-\infty}^{t}f_2(\tau)d\tau$
(7)	与 $\delta(t)$ 卷积	$f(t)*\delta(t)=f(t)$
(8)	与 $\delta(t-t_0)$ 的卷积	$f(t)*\delta(t-t_0)=f(t-t_0),\quad \delta(t-t_0)*\delta(t-t_1)=\delta(t-t_0-t_1)$
(9)	与冲激偶卷积	$f(t)*\delta'(t)=f'(t)$
(10)	与 $\delta^{(k)}(t)$ 卷积	$f(t)*\delta^{(k)}(t)=f^{(k)}(t)$
(11)	与 $u(t)$ 卷积	$f(t)*u(t)=\displaystyle\int_{-\infty}^{t}f(\tau)d\tau$
(12)	时移性	$f_1(t-t_0)*f_2(t-t_1)=f_3(t-t_0-t_1)$
(13)	周期信号	$f_T(t)=f_1(t)\cdot\displaystyle\sum_{k=-\infty}^{+\infty}\delta(t-kT)=\sum_{k=-\infty}^{+\infty}f_1(t-kT)$

表 2-2　卷积和公式表

序号	公式名称	公式
(1)	交换律	$f_1(n) * f_2(n) = f_2(n) * f_1(n)$
(2)	结合律	$[f_1(n) * f_2(n)] * f_3(n) = f_1(n) * [f_2(n) * f_3(n)]$
(3)	分配律	$f_1(n) * [f_2(n) + f_3(n)] = [f_1(n) * f_2(n)] + [f_1(n) * f_3(n)]$
(4)	与 $\delta(n)$ 卷积	$f(n) * \delta(n) = f(n)$ $f(n) * \delta(n-m) = f(n-m)$ $f(n-k) * \delta(n-m) = f(n-k-m)$
(5)	与 $u(n)$ 卷积	$f(n) * u(n) = \sum\limits_{m=-\infty}^{n} f(m)$
(6)	差分累加	$\nabla f_1(n) * \sum\limits_{m=-\infty}^{n} f_2(m) = f_1(n) * f_2(n)$
(7)	移位性	$f_1(n-k) * f_2(n-m) = f_3(n-k-m)$

表 2-3　微分方程的特解

激励 $f(t)$	特解 $y_p(t)$
常数 C	常数 P
t^m	$P_m t^m + P_{m-1} t^{m-1} + \cdots + P_1 t + P_0$
$e^{\alpha t}$	$Pe^{\alpha t}$，　α 不是特征根 $(P_1 t + P_0)e^{\alpha t}$，　α 是特征单根 $(P_r t^r + P_{r-1} t^{r-1} + \cdots + P_1 t + P_0)e^{\alpha t}$，　α 是 r 重特征根
$\sin(w_0 t)$ 或 $\cos(w_0 t)$	$P\sin(w_0 t) + Q\cos(w_0 t)$

表 2-4　差分方程的特解

激励 $f(n)$	特解 $y_p(n)$
常数 C	常数 P
n^m	$P_m n^m + P_{m-1} n^{m-1} + \cdots + P_1 n + P_0$
a^n	Pa^n，　a 不是特征根 $(P_1 n + P_0)a^n$，　a 是特征单根 $(P_r n^r + P_{r-1} n^{r-1} + \cdots + P_1 n + P_0)a^n$，　a 是 r 重特征根
$\sin(w_0 n)$ 或 $\cos(w_0 n)$	$P\sin(w_0 n) + Q\cos(w_0 n)$

　　说明　若激励信号是多种信号的叠加,其特解也要根据每一个叠加分量的情况分别选择对应的特解并进行叠加。若特解与齐次解的表达式相同,需要乘上一个多项式作为特解。如表 2-3 中,若激励信号 $f(t)$ 刚好等于 $e^{\alpha t}$,恰好计算齐次方程得到的齐次解也是 $e^{\alpha t}$,那么这时候的特解就应该设为 $e^{\alpha t}(P_1 t + P_2)$。这一点在学习中常常容易被忽略,请同学们在学习时务必留意。

2.4　实验指导

2.4.1　实验目的

（1）运用 MATLAB 求连续系统和离散系统的零输入响应、零状态响应及全响应，并且绘出它们的波形图。

（2）运用 MATLAB 求连续系统的冲激响应、阶跃响应，以及离散系统的单位取样响应。

（3）运用 MATLAB 来使用卷积法求解系统的零状态响应。

（4）运用 MATLAB 进行连续时间信号的卷积积分运算，以及离散时间信号的卷积和运算。

2.4.2　实验原理与说明

1）连续系统和离散系统的零输入响应、零状态响应、全响应

LTI 连续系统可以用线性常系数微分方程来描述，该系统的完全响应为零状态响应和零输入响应之和。MATLAB 符号运算工具箱提供了 dsolve() 函数来求解系统的零状态响应和零输入响应，进而可求出全响应。其语句格式为

```
dsolve('eq1,eq2,…','cond1,cond2,…', 'v')
```

其中：eq1、eq2、…为各微分方程（这里的单引号''不可省略，单引号内直接列方程式），它和 MATLAB 符号表达式的输入基本相同，用 Dy、D2y、D3y、…来分别表示 y 的一阶导数 y'、二阶导数 y''、三阶导数 y'''、…；cond1、cond2、…为各初始条件或者起始条件；v 为自变量，默认值为 t。

比如 `dsolve('Dy=1+y^2','y(0)=1');` 所对应的微分方程为
$$y'(t)=1+y^2(t)$$
计算出来的答案为
$$y(t)=\tan(t+1/4\pi)$$

LTI 离散系统的全响应可以使用 filter() 函数来完成，该函数要求有指定时间范围内的输入序列。其常用语句格式为

```
y=filter(b,a,x,zi)
```

其中：b 为差分方程右端的系数向量；a 为差分方程左端的系数向量；x 为输入的离散序列；y 为输出的离散序列，x 和 y 的长度一样；zi 为系统的初始值，它可以由函数 filtic() 求得。

```
filtic(b,a,y0,x0)
```

其中：y0 为 $y(n)$ 的初始值；x0 为 $x(n)$ 的初始值。

另外，计算系统在任意输入下的零状态响应还可以使用 lsim() 函数。lsim() 函数的调用格式为

```
lsim(sys, x, t)
```

其中:sys 是可以利用 tf、zpk、或者 ss 建立的系统函数;x 是系统的输入;t 定义的是时间范围。举例如下。

例 2.8 求解微分方程 $3y'(t)+2y(t)=x'(t)+3x(t)$,当输入为 $x(t)=\mathrm{e}^{-3t}u(t)$,起始条件为 $y(0\_)=1,y'(0\_)=2$ 时系统的零输入响应、零状态响应及完全响应。

解 程序如下:

```
clear all; close all;
eq='D2y+3*Dy+2*y=0';
cond='y(0)=1,Dy(0)=2';
yzi=dsolve(eq,cond);
yzi=simplify(yzi)
yzi=exp(-2*t)*(4*exp(t)-3)                           % 齐次解求零输入响应
eq1='D2y+3*Dy+2*y=Dx+3*x';
eq2='x=exp(-3*t)*heaviside(t)';
cond='y(-0.001)=0,Dy(-0.001)=0';
yzs=dsolve(eq1,eq2,cond);
yzs=simplify(yzs.y)
yzs=(exp(-2*t)*(exp(t)-1)*(sign(t)+1))/2             % 求零状态响应
yt=simplify(yzi+yzs)
yt=exp(-2*t)*(4*exp(t)-3)+(exp(-2*t)*(exp(t)-1)*(sign(t)+1))/2
                                                     % 求完全响应
subplot(3,1, 1);
ezplot(yzi,[0,9]); xlabel('t'); ylabel('yzi');
grid on; title('零输入响应');
subplot(3, 1, 2);
ezplot(yzs,[0,9]); xlabel('t'); ylabel('yzs');
grid on; title('零状态响应');
subplot(3, 1, 3);
ezplot(yt,[0,9]); xlabel('t'); ylabel('yt');
grid on; title('完全响应');
```

微分方程的零输入响应、零状态响应及全响应如图 2-2 所示。

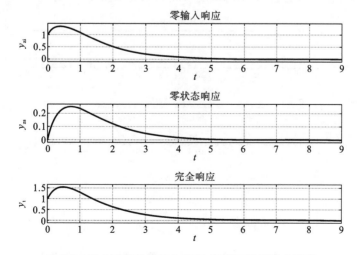

图 2-2 微分方程的零输入响应、零状态响应及全响应

例 2.9 已知系统的差分方程为 $2y(n)-y(n-1)-3y(n-2)=2x(n)-x(n-1)$，$x(n)=0.5^{n}u(n)$，$y(-1)=1$，$y(-2)=3$，求零输入响应、零状态响应及完全响应。

解 程序如下：

```
clear all; close all;
left=[2,-1,-3]; right=[2,-1,0]; n=0:50;
n1=length(n);
y01=[1,3]; x01=[0,0];
x1=zeros(1,n1);
zi1=filtic(right,left,y01,x01);                 % 为 filter()函数准备初始值
y1=filter(right,left,x1,zi1);
subplot(3, 1, 1);
stem(n,y1,'r.'); xlabel('n'); ylabel('yzi'); title('零输入响应');
grid on ;                                       % 求零输入响应
y02=[0,0]; x02=[0,0];
x2=0.5.^n;
zi2=filtic(right,left,y02,x02);
y2=filter(right,left,x2,zi2);
subplot(3, 1, 2);
stem(n,y2,'.r'); xlabel('n'); ylabel('yzs');
title('零状态响应'); grid on ;                   % 求零状态响应
y03=[1,3]; x03=[0,0];
x3=0.5.^n;
zi3=filtic(right,left,y03,x03);
y3=filter(right,left,x1,zi3);
subplot(3, 1, 3);
stem(n,y3,'.r'); xlabel('n'); ylabel('yn');
title('完全响应'); grid on ;                     % 求完全响应
```

差分方程的零输入响应、零状态响应及完全响应如图 2-3 所示。

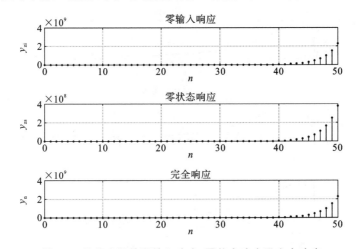

图 2-3 差分方程的零输入响应、零状态响应及完全响应

2）连续系统的单位冲激响应、阶跃响应及离散系统的单位取样响应

在 MATLAB 中,可以用控制系统工具箱提供的函数 impusle() 和 step() 来求解 LTI 连续系统的冲激响应、阶跃响应,它的语句格式分别如下

```
y=impulse(sys,t)
y=step(sys,t)
```

其中:t 为计算机系统响应的时间抽样点向量;sys 为 LTI 系统模型,可用来表示微分方程、差分方程或状态方程。在求解微分方程时,sys 是由 MATLAB 的 tf() 函数根据微分方程系数生成的系统函数对象,其语句格式为

```
sys=tf(b,a)
```

其中:b 和 a 分别是方程右端和左端的系数向量。

MATLAB 中求解单位取样响应除了可利用 filter() 函数外,还可以利用函数 impz() 来实现,impz() 函数的常用格式为

```
impz(b,a,N)
```

其中:b 和 a 分别是差分方程右端与左端的系数向量;N 为计算单位取样响应的样值个数,一般为正整数。

举例如下:

例 2.10 已知 LTI 连续系统的微分方程为 $y''(t)+3y'(t)+30y(t)=2f'(t)+18f(t)$,求系统的单位冲激响应和单位阶跃响应并绘出图形。

解 程序如下:

```
clear all;              % 清空内存
close all;              % 清理窗口
t=0:0.001:4; sys=tf([2,18],[1,3,30]);
h=impulse(sys,t);
g=step(sys,t);
subplot(3, 1, 1);
plot(t,h); grid on;
xlabel('t'); ylabel('h(t)'); title('单位冲激响应');
subplot(3, 1, 2);
plot(t,g); grid on;
xlabel('t'); ylabel('g(t)'); title('单位阶跃响应');
```

例 2.11 已知某 LTI 系统的差分方程为 $3y(n)-4y(n-1)+3y(n-2)=x(n)+2x(n-1)$,求该系统的单位取样响应。

解 程序如下:

```
clear all;              % 清空内存
close all;              % 清理窗口
a=[3,-4,3]; b=[1,2]; n=0:30;
subplot(3, 1, 3);
impz(b,a,30); grid on;
xlabel('n'); ylabel('h(n)'); title('单位取样响应');
```

例 2.10 和例 2.11 系统的单位冲激响应、单位阶跃响应和单位取样响应如图 2-4
所示。

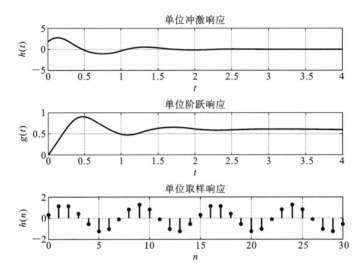

图 2-4 例 2.10 和例 2.11 系统的单位冲激响应、单位阶跃响应和单位取样响应

3）卷积积分和卷积和运算

在 LTI 系统中，任意激励信号的零状态响应可以由激励信号和系统的单位冲激响
应卷积得到，即 $y(\cdot) = f(\cdot) * h(\cdot)$，这为求解系统的零状态响应提供了另一条途
径。卷积有时域和频域的概念，它建立了信号与系统中时域与频域之间的关系，并且将
时域分析法、傅里叶变换法及拉氏变换法统一了起来。

时间信号的卷积运算是求和运算。MATLAB 求时间信号卷积的函数为 conv( )，
其调用的语句格式为

```
y= conv(x,h)
```

其中：x 和 h 为时间信号值的向量；y 为卷积结果。对于离散时间信号，MATLAB 只
能进行有限序列的卷积和运算，给定两个序列进行卷积时，应计算卷积结果的起始点
和其长度，长度一般为两个序列的长度和减 1。对于连续时限信号的卷积，可利用
MATLAB 中的 function 功能建立一个实用函数来求卷积，例如函数 sconv. m。举例
如下：

例 2.12 求解 $g(n) = [u(n) - u(n-5)] * [u(n) - u(n-5)]$。

解 程序如下：

```
clear all;              % 清空内存
close all;              % 清理窗口
n=1:9; x1=[1 1 1 1 1]; x2=[1 1 1 1 1];
g=conv(x1,x2);
stem(n,g, 'fill'); grid on;
xlabel('n'); ylabel('g(n)');
```

卷积结果如图 2-5 所示。

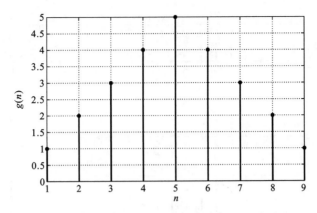

图 2-5 卷积结果图

例 2.13 在某 LTI 系统中,已知单位冲激响应为 $h(n)=0.7^n[u(n)-u(n-8)]$,激励信号为 $x(n)=u(n)-u(n-4)$,求系统的零状态响应。

解 程序如下:

```
                    % 在 MATLAB 中,冲激序列可通过 uDT.m 文件来实现,即
function y=uDT(n)
y=(n>=0);
                    % 利用上面的函数 uDT()来求解
clear all;          % 清空内存
close all;          % 清理窗口
nx=-1:5; nh=-2:10; x=uDT(nx)-uDT(nx-4);
h=0.7.^nh.* (uDT(nh)-uDT(nh-8));
y=conv(x,h);
l=length(nx)+length(nh)-2;
ny1=nx(1)+nh(1); ny2=0:1; ny=ny1+ny2;
subplot(3, 1, 1);
stem(nx,x, 'fill'); grid on;
xlabel('n'); title('x(n)'); axis([-4 16 0 3]);
subplot(3, 1, 2);
stem(nh,h, 'fill'); grid on;
xlabel('n'); title('h(n)'); axis([-4 16 0 3]);
subplot(3, 1, 3);
stem(ny,y, 'fill'); grid on;
xlabel('n'); title('y(n)=x(n)*h(n)'); axis([-4 16 0 3]);
```

利用卷积和求系统的零状态响应如图 2-6 所示。

例 2.14 求连续时间信号 $f_1(t)=u(t)-u(u-2)$ 与 $f_2(t)=e^{-2t}u(t)$ 的卷积积分。

解 程序如下:

```
                    % 函数 sconv.m 在 MATLAB 中的源程序
function[f,t]=sconv(f1,f2,t1,t2,dt)
f=conv(f1,f2); f=f*dt;
ts=min(t1)+min(t2);
te=max(t1)+max(t2);
```

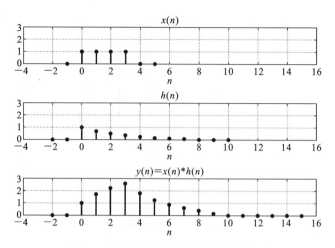

图 2-6 利用卷积和求系统的零状态响应

```
t=ts:dt:te; subplot(2, 2, 1);
plot(t1,f1); grid on;
axis([min(t1),max(t1),min(f1)- abs(min(f1)*0.2,max(f1)+abs(max(f1)
*0.2)]);
title('f1(t)'); xlabel('t');
subplot(2, 2, 2);
plot(t2,f2); grid on;
axis([min(t2),max(t2),min(f2)-abs(min(f2)*0.2,max(f2)+abs(max(f2)
*0.2)]);
title('f2(t)'); xlabel('t');
subplot(2, 1, 2);
plot(t,f); grid on;
axis([min(t),max(t),min(f)-abs(min(f)*0.2,max(f)+abs(max(f)*0.2)]);
title('f(t)=f1(t)*f2(t)'); xlabel('t');
            %%函数 uCT.m 在 MATLAB 中的源程序
function f=uCT (t);
f=(t>=0);
            %%利用上面定义的 sconv() 函数和 uCT() 函数求得卷积
clear all;      % 清空内存
close all;      % 清理窗口
dt=0.01; t1=-1:dt:2.5;
f1=uCT(t1)-uCT(t1-2); t2=t1;
f2=exp(-2*t2).*uCT(t2);
[t,f]=sconv(f1,f2,t1,t2,dt);
```

卷积积分结果如图 2-7 所示。

例 2.15 已知某 LTI 连续系统的微分方程为 $y''(t)+2y'(t)+32y(t)=f'(t)+17f(t)$,输入信号为 $f(t)=e^{-3t}$,利用卷积积分求该系统的零状态响应并绘出 $y(t)$ 的时域波形图。

解 程序如下:

```
clear all;          % 清空内存
```

```
close all;              % 清理窗口
dt=0.01; t1=0:dt:4; f1=exp(-3*t1); t2=t1;
sys=tf([1,16],[1,2,32]);
f2=impulse(sys,t2);
[t,f]=sconv(f1,f2,t1,t2,dt);
```

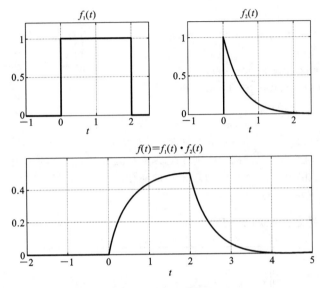

图 2-7　卷积积分结果

卷积积分求解零状态响应结果如图 2-8 所示。

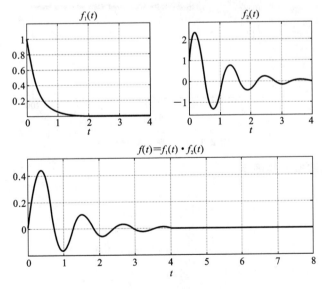

图 2-8　卷积积分求解零状态响应

2.4.3　实例介绍

实例一　LTI 系统的稳定性

稳定性是系统自身的性质之一,系统是否稳定与激励信号的情况无关。系统的冲激响应或者系统函数集中表现了系统的性质,当然,它们也反映了系统是否稳定。判断系统是否稳定可以从时域或者 s 域两方面进行。这里对于系统稳定性的时域分析,主要是根据冲激响应绝对值的和来确定的。

```
clear all;                    %  清空内存
close all;                    %  清理窗口
num=[1-0.8]; den=[1 1.5 0.9]; N=200;
h=impz(num,den,N+1); parsum=0;
for k=1:N+1;
parsum=parsum+ abs(h(k));
if abs(h(k))<10^(-6),break,end
end
n=0:N;
stem(n,h);                    %  画出冲激响应曲线
xlabel('时间'); ylabel('幅值'); disp('Value=');
disp(abs(h(k)));              %  显示 h(k)的绝对值
Value=1.6761e-05
```

LTI 系统的稳定性如图 2-9 所示。

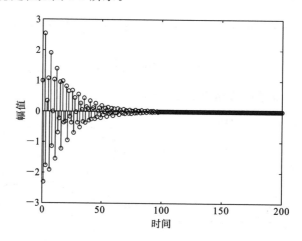

图 2-9　LTI 系统的稳定性

实例二　滤波概念的图示

```
clear all;                    %  清空内存
close all;                    %  清理窗口
n=0:299;
x1=cos(2*pi*10*n/256);        %  产生输入序列
x2=cos(2*pi*100*n/256);
x=x1+x2;
num1=[0.5 0.27 0.77];         %  计算输出序列
y1=filter(num1, 1, x);
den2=[1-0.53 0.46]; num2=[0.45 0.5 0.45];
y2=filter(num2, den2, x);
subplot(2,1,1);
plot(n,y1);
```

```
axis([0 300 -2 2]); ylabel('幅值'); title ('系统输出');
grid on;
subplot(2,1,2);
plot(n,y2);
axis([0 300 -2 2]); xlabel('时间'); ylabel('幅值');
title ('系统滤波后的输出'); grid on;
```

系统输出和系统滤波后的输出如图 2-10 所示。

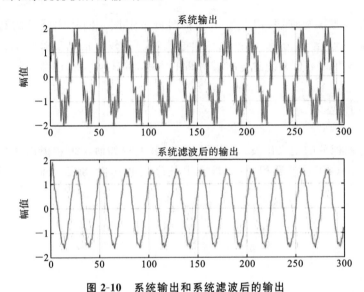

图 2-10　系统输出和系统滤波后的输出

2.4.4　实验内容与步骤

(1) 已知系统的方程和激励信号如下,利用 MATLAB 命令求解系统的零状态响应、零输入响应以及全响应,并绘出时域仿真波形图。

① $y''(t) + 4y'(t) + 3y(t) = f(t)$, $y(0_-) = y'(0_-) = 1$, $f(t) = \varepsilon(t)$

② $y(n) + 2y(n-1) = f(n)$, $f(n) = 2^n\varepsilon(n)$, $y(-1) = 1$

(2) 利用 MATLAB 命令绘出如下系统的冲激响应、阶跃响应、取样响应的时域波形图。

① $y'(t) + 2y(t) = f''(t)$

② $3y(n) + 6y(n-1) + y(n-2) = x(n) + x(n-1)$

(3) 利用 MATLAB 命令求解如下函数的卷积并绘出时域波形图。

① $f_1(t) = t\varepsilon(t)$, $f_2(t) = e^{-2t}\varepsilon(t)$

② $y''(t) + 4y'(t) + 3y(t) = f'(t) + 3f(t)$, $f(t) = e^{-t}u(t)$

③ $x_1(n) = \varepsilon(n) - \varepsilon(n-4)$, $x_2(n) = (0.5)^n\varepsilon(n)$

④ $h(n) = \left(\dfrac{5}{2}\right)^n[u(n) - u(n-10)]$, $x(n) = u(n) - u(n-5)$

2.4.5　实验注意事项

(1) 上机调试程序时,观察并判断波形的正确性,并且与计算的理论值加以比较,要注意初始值的问题。

（2）注意使用点运算的情况，点运算是指两维数相同的矩阵或者向量对应元素的算术运算，常见的点运算有".＊"、". /"、". \"、". ^"。

（3）M 函数文件与 M 脚本文件不同，通常在 MATLAB 程序设计中使用 M 函数文件。

2.4.6　实验报告要求

根据数学模型编写程序，以及绘出各种时域波形图。简述实验目的和实验原理。整理基本实验内容，给出分析、解释并与理论值加以比较。根据实验归纳、总结出利用 MATLAB 对线性时不变系统进行时域分析的方法，简述实验的心得体会。

2.5　学习思考

（1）从卷积积分的定义出发，采用 MATLAB 编程如何实现卷积积分？

（2）用 conv()函数求卷积，只能求有限长序列的卷积，那么如何求无限长序列的卷积？

3

信号的拉普拉斯变换与 z 变换

3.1 引言

前面章节在时域对系统进行了分析。由于时域来自真实的物理世界,所以时域分析求解相对来说很直观。而本章要讨论的拉普拉斯(简称拉氏)变换是分析连续时间信号的重要工具,拉氏变换可分为单边拉氏变换和双边拉氏变换,本章主要讨论单边拉氏变换。z 变换可由拉氏变换演变而来,其变换的对象是时域上的序列。z 变换域本身没有物理性质,它只是一种数学手段,但其重要性却远远超过拉氏变换。此外,与傅里叶变换不同,拉氏变换和 z 变换都必须注明收敛域才有意义。

3.2 重要知识点

3.2.1 拉氏变换

拉氏变换是工程数学中常用的一种积分变换,由于实际中以时间 t 为自变量的连续时间信号是因果的,故本章主要讨论单边拉氏变换,其表达式为

$$\mathscr{F}(s) = \mathscr{L}[f(t)] = \int_{0_-}^{+\infty} f(t) e^{-st} \mathrm{d}t$$

3.2.2 拉氏变换的性质

1) 线性性质

若
$$f_1(t) \leftrightarrow F_1(s), \quad \mathrm{Re}[s] > \sigma_1$$
$$f_2(t) \leftrightarrow F_2(s), \quad \mathrm{Re}[s] > \sigma_2$$

且有常数 a_1, a_2,则

$$a_1 f_1(t) + a_2 f_2(t) \leftrightarrow a_1 F_1(s) + a_2 F_2(s), \quad \mathrm{Re}[s] > \max(\sigma_1, \sigma_2) \qquad (3\text{-}1)$$

式(3-1)中收敛域 $\mathrm{Re}[s] > \max(\sigma_1, \sigma_2)$ 是两个函数收敛域相重叠的部分。若为两个函数之差,其收敛域可能扩大。

2) 尺度变换

若
$$f(t) \leftrightarrow F(s), \quad \mathrm{Re}[s] > \sigma_0$$

且有实常数 $a > 0$，则

$$f(at) \leftrightarrow \frac{1}{a} F\left(\frac{s}{a}\right), \quad \mathrm{Re}[s] > a\sigma_0$$

3）时移（延时）特性

若
$$f(t) \leftrightarrow F(s), \quad \mathrm{Re}[s] > \sigma_0$$

且有正实常数 t_0，则

$$f(t-t_0)\varepsilon(t-t_0) \leftrightarrow e^{-st_0} F(s), \quad \mathrm{Re}[s] > \sigma_0$$

4）复频移（s 域平移）特性

若
$$f(t) \leftrightarrow F(s), \quad \mathrm{Re}[s] > \sigma_0$$

且有复常数 $s_a = \sigma_a + j\omega_a$，则

$$f(t)e^{s_a t} \leftrightarrow F(s-s_a), \quad \mathrm{Re}[s] > \sigma_0 + \sigma_a$$

5）时域微分特性

时域微分和时域积分特性主要用于研究具有初始条件的微分、积分方程。这里将考虑函数的初始值 $f(0_-) \neq 0$ 的情况。

若
$$f(t) \leftrightarrow F(s), \quad \mathrm{Re}[s] > \sigma_0$$

则

$$f^{(1)}(t) \leftrightarrow sF(s) - f(0_-)$$

$$f^{(2)}(t) \leftrightarrow s^2 F(s) - sf(0_-) - f^{(1)}(0_-)$$

$$\vdots$$

$$f^{(n)}(t) \leftrightarrow s^n F(s) - \sum_{m=0}^{n-1} s^{n-1-m} f^{(m)}(0_-)$$

上列各象函数的收敛域至少是 $\mathrm{Re}[s] > \sigma_0$。

6）时域卷积定理

若因果函数
$$f_1(t) \leftrightarrow F_1(s), \quad \mathrm{Re}[s] > \sigma_1$$
$$f_2(t) \leftrightarrow F_2(s), \quad \mathrm{Re}[s] > \sigma_2$$

则
$$f_1(t) * f_2(t) \leftrightarrow F_1(s)F_2(s)$$

其收敛域至少是 $F_1(s)$ 收敛域和 $F_2(s)$ 收敛域的公共部分。

7）复频域（s 域）卷积定理

$$f_1(t)f_2(t) \leftrightarrow \frac{1}{2\pi j} \int_{c-j\infty}^{c+j\infty} F_1(\eta)F_2(s-\eta)\mathrm{d}\eta, \quad \mathrm{Re}[s] > \sigma_1 + \sigma_2, \quad \sigma_1 < c < \mathrm{Re}[s] - \sigma_2$$

上式积分式中，$\sigma = c$ 是 $F_1(\eta)$ 和 $F_1(s-\eta)$ 收敛域重叠部分内与虚轴平行的直线。这里对积分路线限制较严，而该积分的计算也比较复杂，因而复频域卷积定理较少使用。

8）s 域微分和积分

若
$$f(t) \leftrightarrow F(s), \quad \mathrm{Re}[s] > \sigma_0$$

则

$$(-t)f(t) \leftrightarrow \frac{\mathrm{d}F(s)}{\mathrm{d}s}$$

$$(-t)^n f(t) \leftrightarrow \frac{\mathrm{d}^n F(s)}{\mathrm{d}s^n}, \quad \mathrm{Re}[s] > \sigma_0$$

$$\frac{f(t)}{t} \leftrightarrow \int_s^\infty F(\eta)\mathrm{d}\eta, \quad \mathrm{Re}[s] > \sigma_0$$

9）初值定理

为简便起见，设函数 $f(t)$，不包含 $\delta(t)$ 及其各阶导数，且

$$f(t) \leftrightarrow F(s), \quad \text{Re}[s] > \sigma_0$$

则有

$$f(0_+) = \lim_{t \to 0_+} f(t) = \lim_{s \to \infty} sF(s)$$

$$f'(0_+) = \lim_{s \to \infty} s[F(s) - f(0_+)]$$

$$f''(0_+) = \lim_{s \to \infty} s[s^2 F(s) - sf(0_+) - f'(0_+)]$$

10）终值定理

若函数 $f(t)$ 当 $t \to \infty$ 时的极限存在，即 $f(\infty) = \lim\limits_{s \to \infty} f(t)$，且

$$f(t) \leftrightarrow F(s), \quad \text{Re}[s] > \sigma_0, \quad \sigma_0 < 0$$

则有

$$f(\infty) = \lim_{s \to 0} sF(s)$$

3.2.3　拉氏逆变换

拉氏逆变换可以表示为已知函数 $f(t)$ 的拉氏变换 $F(s)$，求原函数 $f(t)$ 的运算为拉氏逆变换。其表达式为

$$f(t) = \frac{1}{2\pi j} \int_{\sigma - j\infty}^{\sigma + j\infty} F(s) e^{st} \, ds$$

求拉氏逆变换的方法有：查表法、部分分式展开法等。本章节主要介绍部分分式展开法。

如果 $F(s)$ 是 s 的实系数有理真分式（式中 $m < n$），则可写成

$$F(s) = \frac{B(s)}{A(s)} = \frac{b_m s^m + b_{m-1} s^{m-1} + \cdots + b_1 s + b_0}{s^n + a_{n-1} s^{n-1} + \cdots + a_1 s + a_0}$$

式中分母多项式 $A(s)$ 称为 $F(s)$ 的特征多项式，方程 $A(s) = 0$ 称为特征方程，它的根称为特征根，也称为 $F(s)$ 的固有频率（或自然频率）。

为将 $F(s)$ 展开为部分分式，要先求出特征方程的 n 个特征根 $s_i(i = 1, 2, \cdots, n)$，s_i 称为 $F(s)$ 的极点。特征根可能是实根（含零根），也可能是复根（含虚根）；也可能是单根，也可能是重根。下面分几种情况讨论。

1）$F(s)$ 有单极点（特征根为单根）

如果方程 $A(s) = 0$ 的根都是单根，其 n 个根 $s_1, s_2, \cdots, s_n$ 都互不相等，那么根据代数理论，$F(s)$ 可展开为如下的部分分式

$$F(s) = \frac{B(s)}{A(s)} = \frac{K_1}{s - s_1} + \frac{K_2}{s - s_2} + \cdots + \frac{K_i}{s - s_i} + \cdots + \frac{K_n}{s - s_n} = \sum_{i=1}^{n} \frac{K_i}{s - s_i} \quad (3\text{-}2)$$

待定系数 K_i 可用如下方法求得。将式（3-2）等号两端同乘以 $(s - s_i)$，得

$$(s - s_i) F(s) = \frac{(s - s_i) B(s)}{A(s)} = \frac{(s - s_i) K_1}{s - s_i} + \cdots + K_i + \cdots + \frac{(s - s_i) K_n}{s - s_n}$$

当 $s \to s_i$ 时，由于各根均不相等，故等号两端除 K_i 一项外均趋近于零，于是得

$$K_i = (s - s_i) F(s) \big|_{s = s_i} = \lim_{s \to s_i} \left[(s - s_i) \frac{B(s)}{A(s)} \right]$$

系数 K_i 也可用另一种方法确定。由于 s_i 是 $A(s) = 0$ 的根，故有 $A(s_i) = 0$，这样上式可改写为

$$K_i = \lim_{s \to s_i} \frac{B(s)}{\dfrac{A(s) - A(s_i)}{s - s_i}}$$

根据导数的定义，当 $s \to s_i$ 时，上式的分母为

$$\lim_{s \to s_i} \frac{A(s) - A(s_i)}{s - s_i} = \frac{\mathrm{d}}{\mathrm{d}s} A(s) \Big|_{s = s_i} = A'(s_i)$$

所以

$$K_i = \frac{B(s_i)}{A'(s_i)}$$

再利用线性性质，可得原函数为

$$f(t) = \sum_{i=1}^{n} K_i e^{s_i t} \varepsilon(t)$$

2）$F(s)$ 有共轭极点

设 $A(s) = 0$ 有一对共轭单根 $s_{1,2} = -\alpha \pm \mathrm{j}\beta$，将 $F(s)$ 的展开式分为两个部分

$$F(s) = \frac{B(s)}{A(s)} = \frac{B(s)}{(s + \alpha - \mathrm{j}\beta)(s + \alpha + \mathrm{j}\beta) A_2(s)}$$

$$= \frac{K_1}{s + \alpha - \mathrm{j}\beta} + \frac{K_2}{s + \alpha + \mathrm{j}\beta} + \frac{B_2(s)}{A_2(s)} = F_1(s) + F_2(s)$$

式中：$F_1(s) = \dfrac{K_1}{s + \alpha - \mathrm{j}\beta} + \dfrac{K_2}{s + \alpha + \mathrm{j}\beta}$；$F_2(s) = \dfrac{B_2(s)}{A_2(s)}$。$F_2(s)$ 展开式的形式由 $A_2(s) = 0$ 的根 $s_3, \cdots, s_n$ 的具体情况确定。可得：

$$K_1 = \frac{B(s_1)}{A'(s_1)} = \frac{B(-\alpha + \mathrm{j}\beta)}{A'(-\alpha + \mathrm{j}\beta)}$$

$$K_2 = \frac{B(s_2)}{A'(s_2)} = \frac{B(-\alpha - \mathrm{j}\beta)}{A'(-\alpha - \mathrm{j}\beta)} = \frac{B(s_1^*)}{A'(s_1^*)}$$

由于 $B(s)$ 和 $A'(s)$ 都是 s 的实系数多项式，故 $B(s_1^*) = B^*(s_1)$，$A'(s_1^*) = A'^*(s_1)$，因而上述系数 K_1 与 K_2 互为共轭系数，即 $K_2 = K_1^*$。令

$$K_1 = \frac{B(s_1)}{A'(s_1)} = |K_1| e^{\mathrm{j}\theta}, \quad K_2 = \frac{B(s_2)}{A'(s_2)} = |K_1| e^{-\mathrm{j}\theta}$$

式中：$s_1 = -\alpha + \mathrm{j}\beta$，$s_2 = s_1^*$。这样，

$$F_1(s) = \frac{|K_1| e^{\mathrm{j}\theta}}{s + \alpha - \mathrm{j}\beta} + \frac{|K_1| e^{-\mathrm{j}\theta}}{s + \alpha + \mathrm{j}\beta}$$

取逆变换，得

$$f(t) = [|K_1| e^{\mathrm{j}\theta} e^{(-\alpha + \mathrm{j}\beta)t} + |K_1| e^{-\mathrm{j}\theta} e^{(-\alpha - \mathrm{j}\beta)t}] \varepsilon(t)$$

$$= |K_1| e^{-\alpha t} [e^{\mathrm{j}(\beta t + \theta)} + e^{-\mathrm{j}(\beta t + \theta)}] \varepsilon(t)$$

$$= 2|K_1| e^{-\alpha t} \cos(\beta t + \theta) \varepsilon(t)$$

3）$F(s)$ 有重极点（特征根为重根）

如果 $A(s) = 0$ 在 $s = s_i$ 处有 r 重根，即 $s_1 = s_2 = \cdots = s_r$，而其余 $(n - r)$ 个根 $s_{r+1}, \cdots, s_n$ 都不等于 s_1。则象函数 $F(s)$ 的展开式可写为

$$F(s) = \frac{B(s)}{A(s)} = \frac{K_{11}}{(s - s_1)^r} + \frac{K_{12}}{(s - s_1)^{r-1}} + \cdots + \frac{K_{1r}}{s - s_1} + \frac{B_2(s)}{A_2(s)}$$

$$= \sum_{i=1}^{r} \frac{K_{1i}}{(s - s_i)^r} + \frac{B_2(s)}{A_2(s)}$$

$$= F_1(s) + F_2(s)$$

式中：$F_2(s) = \dfrac{B_2(s)}{A_2(s)}$ 是除重根以外的项，且当 $s = s_1$ 时 $A(s_1) \neq 0$。关于各系数 K_{1i} 的求法，在后续的实例中会进一步说明。

3.2.4　z 变换

如果有离散系列 $f(k)(k=0,\pm 1,\pm 2,\cdots)$，$z$ 为复变量，则函数

$$F(z) = \sum_{k=-\infty}^{\infty} f(k) z^{-k}$$

称为序列 $f(k)$ 的双边 z 变换。上式求和是在正、负 k 域（或称序域）进行的。如果求和只在 k 的非负值域进行（无论在 $k<0$ 时 $f(k)$ 是否为零），即

$$F(z) = \sum_{k=0}^{\infty} f(k) z^{-k}$$

称为序列 $f(k)$ 的单边 z 变换。不难看出，上式等于 $f(k)\varepsilon(k)$ 的双边 z 变换，因而 $f(k)$ 的单边 z 变换也可以写成

$$F(z) = \sum_{k=-\infty}^{\infty} f(k)\varepsilon(k) z^{-k}$$

由以上定义可见，如果 $f(k)$ 是因果序列（有 $f(k)=0,k<0$），则单边、双边 z 变换相等，否则二者不相等。为了不产生混淆，我们统称它们为 z 变换。

3.2.5　z 变换的收敛域

求序列的 z 变换时，只有级数收敛，z 变换才有意义。对于双边 z 变换，收敛域是非常重要的。即使同样的 z 变换表达式，收敛域不同，所对应的时间序列也是不同的。如图 3-1 所示。

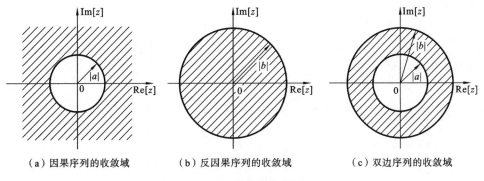

（a）因果序列的收敛域　　　　（b）反因果序列的收敛域　　　　（c）双边序列的收敛域

图 3-1　z 变换的收敛域

（1）因果序列的收敛域为某圆外，包含无穷大点，即

$$|a| < |z| \leqslant \infty$$

提示：在 $|z| \to \infty$ 时，收敛是因果序列的特征，如图 3-1（a）所示。

（2）反因果序列的收敛域为某圆内，包含坐标原点，则

$$0 < |z| \leqslant |b|$$

提示：在 $|z| = 0$ 时，收敛是反因果序列的特征，如图 3-1（b）所示。

（3）双边序列。双边序列指的是序列的自变量为

$$-\infty < n < +\infty$$

对于双边序列,如果 z 变换存在,其收敛域为圆环:

$$|a| < |z| \leqslant |b|$$

否则 z 变换不存在,如图 3-1(c)所示。

注意 关于序列在 0 点和∞点能不能收敛,一定要进行简单的讨论。最方便的判定方法就是看一看该序列是否跨越零点,如果一个右边序列在零点左边也有非零值,那么这个序列在∞点,不能收敛;同理,如果一个左边序列在零点右边存在非零值,那么这个序列在 0 点不能收敛。

3.2.6 z 变换的性质

下面的性质若无特别说明,既适用于单边 z 变换也适用于双边 z 变换。

1)线性性质

若

$$f_1(k) \leftrightarrow F_1(z), \quad \alpha_1 < |z| < \beta_1$$
$$f_2(k) \leftrightarrow F_2(z), \quad \alpha_2 < |z| < \beta_2$$

且有常数 a_1, a_2,则

$$a_1 f_1(k) + a_2 f_2(k) \leftrightarrow a_1 F_1(z) + a_2 F_2(z)$$

其收敛域至少是 $F_1(z)$ 和 $F_2(z)$ 收敛域的相交部分。

2)移位性质

(1)双边移位性质,有

$$x(k-m) \leftrightarrow z^{-m} X(z), \quad m \text{ 为整数}$$

当 $m=1$ 时,有

$$x(k-1) \leftrightarrow z^{-1} X(z)$$

序列延时一个单位,z 变换为 z^{-1},这也是在离散时间系统的框图表示中,用 z^{-1} 表示延时器的原因。

(2)单边移位性质,若

$$f(k) \leftrightarrow F(z), \quad |z| > \alpha, \quad (\alpha \text{ 为正实数})$$

且有整数 $m > 0$,则

$$f(k-1) \leftrightarrow z^{-1} F(z) + f(-1)$$
$$f(k-2) \leftrightarrow z^{-2} F(z) + f(-2) + f(-1) z^{-1}$$
$$\vdots$$
$$f(k-m) \leftrightarrow z^{-m} F(z) + \sum_{k=0}^{m-1} f(k-m) z^{-k}$$

而

$$f(k+1) \leftrightarrow z F(z) - f(0) z$$
$$f(k+2) \leftrightarrow z^2 F(z) - f(0) z^2 - f(1) z$$
$$\vdots$$
$$f(k+m) \leftrightarrow z^m F(z) - \sum_{k=0}^{m-1} f(k) z^{m-k}$$

其收敛域为 $|z| > \alpha$。以图 3-2 中的序列信号为例,同学们可直观理解移位性质的特点。

3)z 域尺度变换(序列乘 a^k)

若

$$f(k) \leftrightarrow F(z), \quad \alpha < |z| < \beta$$

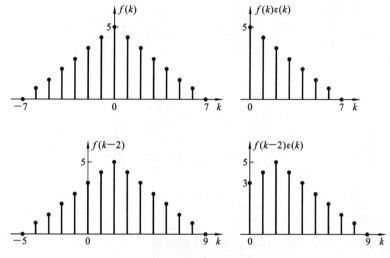

图 3-2　序列信号移位示意图

且有常数 $a \neq 0$，则

$$a^k f(k) \leftrightarrow F\left(\frac{z}{a}\right), \quad \alpha|a| < |z| < \beta|a|$$

即序列 $f(k)$ 乘以指数序列 a^k 相应于在 z 域的展缩。

4）卷积定理

若
$$f_1(k) \leftrightarrow F_1(z), \quad \alpha_1 < |z| < \beta_1$$
$$f_2(k) \leftrightarrow F_2(z), \quad \alpha_2 < |z| < \beta_2$$

则
$$f_1(k) * f_2(k) \leftrightarrow F_1(z) F_2(z)$$

其收敛域至少是 $F_1(z)$ 与 $F_2(z)$ 收敛域的相交部分。

5）z 域微分（序列乘 k）

若
$$f(k) \leftrightarrow F(z), \quad \alpha < |z| < \beta$$

则
$$k f(k) \leftrightarrow -z \frac{\mathrm{d}}{\mathrm{d}z} F(z)$$

$$k^2 f(k) \leftrightarrow -z \frac{\mathrm{d}}{\mathrm{d}z}\left[-z \frac{\mathrm{d}}{\mathrm{d}z} F(z)\right]$$

$$\vdots$$

$$k^m f(k) \leftrightarrow \left[-z \frac{\mathrm{d}}{\mathrm{d}z}\right]^m F(z), \quad \alpha < |z| < \beta$$

式中 $\left[-z \dfrac{\mathrm{d}}{\mathrm{d}z}\right]^m F(z)$ 表示的运算为

$$-z \frac{\mathrm{d}}{\mathrm{d}z}\left(\cdots\left(-z \frac{\mathrm{d}}{\mathrm{d}z}\left(-z \frac{\mathrm{d}}{\mathrm{d}z} F(z)\right)\right)\cdots\right)$$

共进行 m 次求导和乘以 $(-z)$ 的运算。

6）z 域积分（序列除以 $(k+m)$）

若
$$f(k) \leftrightarrow F(z), \quad \alpha < |z| < \beta$$

设有整数 m，且 $k+m > 0$，则

$$\frac{f(k)}{k+m} \leftrightarrow z^m \int_z^\infty \frac{F(\eta)}{\eta^{m+1}} \mathrm{d}\eta, \quad \alpha < |z| < \beta$$

若 $m=0$ 且 $k>0$,则

$$\frac{f(k)}{k} \leftrightarrow \int_{z}^{\infty} \frac{F(\eta)}{\eta} d\eta, \quad \alpha < |z| < \beta$$

7) k 域反转

若 $\qquad\qquad f(k) \leftrightarrow F(z), \quad \alpha < |z| < \beta$

则 $\qquad\qquad f(-k) \leftrightarrow F(z^{-1}), \quad \dfrac{1}{\beta} < |z| < \dfrac{1}{\alpha}$

8) 部分和

若 $\qquad\qquad f(k) \leftrightarrow F(z), \quad \alpha < |z| < \beta$

则 $\qquad g(k) = \displaystyle\sum_{i=-\infty}^{k} f(i) \leftrightarrow \frac{z}{z-1} F(z), \quad \max(\alpha, 1) < |z| < \beta$

9) 初值定理

对于因果序列 $x(n)$,其初值可以由 z 变换求得

$$x(0) = \lim_{z \to +\infty} X(z)$$

10) 终值定理

对于因果序列 $x(n)$,其终值可以由 z 变换求得

$$\lim_{n \to +\infty} x(n) = \lim_{z \to 1} [(z-1)X(z)]$$

终值定理的应用是有条件的,只有 $\lim\limits_{n \to +\infty} x(n)$ 存在且为有限值时,求终值才有意义。这需要 $x(z)$ 的极点位于单位圆内或位于单位圆上的 $z = \pm 1$ 处且为一阶。对于因果序列 $x(n)$,其 z 变换 $x(z)$ 的极点位于单位圆内时可以保证 $x(n)$ 是稳定衰减的;而单位圆上的一阶极点使得 $x(n)$ 等幅变化,但只有 $z = \pm 1$ 处的一阶极点才使得 $n \to \infty$ 时 $x(n)$ 存在。当极点位于单位圆外时,$x(n)$ 随着 n 的增加而无限增长,$\lim\limits_{n \to +\infty} x(n)$ 将不收敛,求 $x(n)$ 的终值变得没有意义。

3.2.7 z 逆变换

求 z 逆变换的方法有幂级数展开法、部分分式展开法和留数法。本书重点讨论最常见的部分分式展开法。

一般而言,双边序列 $f(k)$ 可分为因果序列 $f_1(k)$ 和反因果序列 $f_2(k)$ 两部分,即

$$f(k) = f_2(k) + f_1(k) = f(k)\varepsilon(-k-1) + f(k)\varepsilon(k)$$

式中因果序列和反因果序列分别为

$$f_1(k) = f(k)\varepsilon(k)$$
$$f_2(k) = f(k)\varepsilon(-k-1)$$

相应地,其 z 变换也分为两部分

$$F(z) = F_2(z) + F_1(z), \quad \alpha < |z| < \beta$$

其中 $\qquad\qquad F_1(z) = \displaystyle\sum_{k=0}^{\infty} f(k)z^{-k}, \quad |z| > \alpha$

$$F_2(z) = \sum_{k=-\infty}^{-1} f(k)z^{-k}, \quad |z| < \beta$$

1) 幂级数展开法

根据 z 变换的定义,因果序列的象函数是 z^{-1} 的幂级数。因此,根据给定的收敛域

可将 $F_1(z)$ 展开成幂级数,它的系数就是相应的序列值。

2) 部分分式展开法

在离散信号分析中,经常遇到的象函数是 z 的有理分式,它可以写为

$$F(z)=\frac{B(z)}{A(z)}=\frac{b_m z^m+b_{m-1}z^{m-1}+\cdots+b_1 z+b_0}{z^n+a_{n-1}z^{n-1}+\cdots+a_1 z+a_0} \tag{3-3}$$

式中:$m\leqslant n$,$A(z)$、$B(z)$ 分别为 $F(z)$ 的分母和分子多项式。

根据代数学,只有真分式(即 $m\leqslant n$)才能展开部分分式。因此,当 $m=n$ 时还不能将 $F(z)$ 直接展开。通常可将 $\dfrac{F(z)}{z}$ 展开,然后再乘以 z;或者先从 $F(z)$ 分出常数项,再将余下的真分式展开成部分分式。

如果象函数 $F(z)$ 有如式(3-3)的形式,则

$$\frac{F(z)}{z}=\frac{B(z)}{zA(z)}=\frac{B(z)}{z(z^n+a_{n-1}z^{n-1}+\cdots+a_1 z+a_0)}$$

式中:$B(z)$ 的最高次幂 $m<n+1$。

$F(z)$ 的分母多项式为 $A(z)$,$A(z)=0$ 有 n 个根 Z_1、Z_2、$\cdots$、Z_n,它们称为 $F(z)$ 的极点。按 $F(z)$ 极点的类型,$\dfrac{F(z)}{z}$ 的展开式有几种情况。

(1) 有单极点。

如 $F(z)$ 的极点 Z_1、Z_2、$\cdots$、Z_n 都互不相同,且不等于 0,则 $\dfrac{F(z)}{z}$ 可展开为

$$\frac{F(z)}{z}=\frac{k_0}{z}+\frac{k_1}{z-z_1}+\cdots+\frac{k_n}{z-z_n}=\sum_{i=0}^{n}\frac{k_i}{z-z_i} \tag{3-4}$$

式中 $Z_0=0$,各系数

$$K_i=(z-z_i)\frac{F(z)}{z}\bigg|_{z=z_i}$$

将求得的各系数 K_i 代入到式(3-4)后,等号两端同乘以 z,得

$$F(z)=(z-z_i)\sum_{i=1}^{n}\frac{k_i z}{z-z_i} \tag{3-5}$$

根据给定的收敛域,将上式划分为 $F_1(z)(|z|>\alpha)$ 和 $F_2(z)(|z|<\beta)$ 两部分,根据已知的变换对,如

$$\delta(k)\leftrightarrow 1$$

$$a^k\varepsilon(k)\leftrightarrow\frac{z}{z-a},\quad |z|>a$$

$$-a^k\varepsilon(-k-1)\leftrightarrow\frac{z}{z-a},\quad |z|<a$$

就可以求得式(3-3)的原函数。

(2) $F(z)$ 有共轭单极点。

如果 $F(z)$ 有一对共轭单极点 $z_{1,2}=c\pm\mathrm{j}d$,则可将 $\dfrac{F(z)}{z}$ 展开为

$$\frac{F(z)}{z}=\frac{F_a(z)}{z}+\frac{F_b(z)}{z}=\frac{K_1}{z-z_1}+\frac{K_2}{z-z_2}+\frac{F_b(z)}{z}$$

式中:$\dfrac{F_b(z)}{z}$ 是 $\dfrac{F(z)}{z}$ 除共轭极点所形成分式外的其余部分,而

$$\frac{F_a(z)}{z}=\frac{K_1}{z-c-\mathrm{j}d}+\frac{K_2}{z-c+\mathrm{j}d} \tag{3-6}$$

可以证明,若 $A(z)$ 是实系数多项式,则 $K_2=K_1^*$。

将 $F(z)$ 的极点 z_1,z_2 写成指数形式,则令

$$z_{1,2}=c\pm\mathrm{j}d=\alpha\mathrm{e}^{\pm\mathrm{j}\beta}$$

式中

$$\alpha=\sqrt{c^2+d^2}$$

$$\beta=\arctan\left(\frac{d}{c}\right)$$

令 $K_1=|K_1|\mathrm{e}^{\mathrm{j}\theta}$,则 $K_2=|K_1|\mathrm{e}^{-\mathrm{j}\theta}$,式(3-6)可改写成

$$\frac{F_a(z)}{z}=\frac{|K_1|\mathrm{e}^{\mathrm{j}\theta}}{z-\alpha\mathrm{e}^{\mathrm{j}\beta}}+\frac{|K_1|\mathrm{e}^{-\mathrm{j}\theta}}{z-\alpha\mathrm{e}^{-\mathrm{j}\beta}}$$

等号两端同乘以 z,得

$$F_a(z)=\frac{|K_1|\mathrm{e}^{\mathrm{j}\theta}z}{z-\alpha\mathrm{e}^{\mathrm{j}\beta}}+\frac{|K_1|\mathrm{e}^{-\mathrm{j}\theta}z}{z-\alpha\mathrm{e}^{-\mathrm{j}\beta}}$$

对上式取逆变换,得

若 $\qquad |z|>\alpha,\quad f_a(k)=2|K_1|\alpha^k\cos(\beta k+\theta)\varepsilon(k)$

若 $\qquad |z|<\alpha,\quad f_a(k)=-2|K_1|\alpha^k\cos(\beta k+\theta)\varepsilon(-k-1)$

(3) $F(z)$ 有重极点。

如果 $F(z)$ 在 $z=z_1=a$ 处有 r 重极点,则 $\dfrac{F(z)}{z}$ 可展开为

$$\frac{F(z)}{z}=\frac{F_a(z)}{z}+\frac{F_b(z)}{z}=\frac{K_{11}}{(z-a)^r}+\frac{K_{12}}{(z-a)^{r-1}}+\cdots+\frac{K_{1r}}{z-a}+\frac{F_b(z)}{z} \tag{3-7}$$

式中:$\dfrac{F_b(z)}{z}$ 是 $\dfrac{F(z)}{z}$ 除重极点 $z=a$ 以外的项,在 $z=a$ 处 $F_b(z)\neq\infty$。各系数 K_{1i} 可用下式求得

$$K_{1i}=\frac{1}{(i-1)!}\frac{\mathrm{d}^{i-1}}{\mathrm{d}z^{i-1}}\left[(z-a)^r\frac{F(z)}{z}\right]\bigg|_{z=a}$$

将求得的系数 K_{1i} 带入式(3-7)后,等号两端同乘以 z,得

$$F(z)=\frac{K_{11}z}{(z-a)^r}+\frac{K_{12}z}{(z-a)^{r-1}}+\cdots+\frac{K_{1r}z}{z-a}+F_b(z)$$

根据给定的收敛域,可求得上式的 z 逆变换。

3.3　主要公式及例题解答

本章常见公式见表 3-1、表 3-2、表 3-3、表 3-4。

表 3-1　典型信号的拉氏变换

序　号	信号 $f(t)$	拉氏变换 $F(s)$
1	$\delta(t)$	1
2	$\delta^{(k)}(t)$	s
3	$u(t)$	$\dfrac{1}{s}$

续表

序　号	信号 $f(t)$	拉氏变换 $F(s)$
4	$e^{-at}u(t)$	$\dfrac{1}{s+a}$
5	$\cos(\omega_0 t)u(t)$	$\dfrac{s}{s^2+\omega_0^2}$
6	$\sin(\omega_0 t)u(t)$	$\dfrac{\omega_0}{s^2+\omega_0^2}$

表 3-2　单边拉氏变换的性质

性　质	时　域	s 域
线性性质	$K_1 f_1(t)+K_2 f_2(t)$	$K_1 F_1(s)+K_2 F_2(s)$
微分性质	$\dfrac{\mathrm{d}}{\mathrm{d}t}f(t)$ $\dfrac{\mathrm{d}^2}{\mathrm{d}t^2}f(t)$	$sF(s)-f(0_-)$ $s^2 F(s)-sf(0_-)-f'(0_-)$
积分性质	$\displaystyle\int_{-\infty}^{t} f(\tau)\mathrm{d}\tau$	$\dfrac{F(s)}{s}+\dfrac{f^{(-1)}(0)}{s}$
延时性质	$f(t-t_0)u(t-t_0)$	$e^{-st_0}F(s)$
s 域平移	$e^{-at}f(t)$	$F(s+a)$
展缩性质	$f(at)$，$a>0$	$(1/a)F(s/a)$，$a>0$
s 域微分	$(-t)^n f(t)$	$\dfrac{\mathrm{d}^n}{\mathrm{d}s^n}F(s)$
s 域积分	$\dfrac{f(t)}{t}$	$\displaystyle\int_{s}^{+\infty} F(v)\mathrm{d}v$
时域卷积	$f_1(t)*f_2(t)$	$F_1(s)F_2(s)$
单边周期	$\displaystyle\sum_{k=0}^{+\infty} f_1(t-kT_1)$	$F_1(s)\dfrac{1}{1-e^{-sT_1}}$
初值定理	$f(0_+)=\lim\limits_{s\to\infty}sF(s)$	
终值定理	$\lim\limits_{t\to+\infty}f(t)=\lim\limits_{s\to 0}sF(s)$	

表 3-3　典型信号的 z 变换

序　列	z 变换
$\delta(n)$	1,全平面收敛
$\delta(n-m)$	z^{-m},$\lvert z\rvert\neq 0\,(m>0)$
$\delta(n+m)$	z^{m},$\lvert z\rvert\neq\infty\,(m>0)$
$u(n)$	$\dfrac{1}{1-z^{-1}}$,$\lvert z\rvert>1$

续表

序　列	z 变换
$a^n u(n)$	$\dfrac{1}{1-az^{-1}}$，$\lvert z \rvert > a$
$-a^n u(-n-1)$	$\dfrac{1}{1-az^{-1}}$，$\lvert z \rvert < a$
$\cos(\omega_0 n)u(n)$	$\dfrac{1-\cos(\omega_0)z^{-1}}{1-2\cos(\omega_0)z^{-1}+z^{-2}}$，$\lvert z \rvert > 1$
$\sin(\omega_0 n)u(n)$	$\dfrac{\sin(\omega_0)z^{-1}}{1-2\cos(\omega_0)z^{-1}+z^{-2}}$，$\lvert z \rvert > 1$

表 3-4　z 变换的性质

（假设 $Z[x(n)]=X(z)$，$R_{x-} < \lvert z \rvert < R_{x+}$）

性　质	z 变换
线性性质	$Z[ax(n)+by(n)]=aX(z)+bY(z)$，$R_{x-} < \lvert z \rvert < R_{x+}$ $R_{-}=\max(R_{x-},R_{y-})$，$R_{+}=\min(R_{x+},R_{y+})$
双边位移	$Z[x(n-m)]=z^{-m}X(z)$，$R_{x-} < \lvert z \rvert < R_{x+}$
单边右移	$Z[x(n-m)u(n)]=z^{-m}\left[X(z)+\displaystyle\sum_{k=-m}^{-1}x(k)z^{-k}\right]$，$m \geqslant 1$
单边右移	$Z[x(n-1)u(n)]=z^{-1}X(z)+x(-1)$
单边右移	$Z[x(n-2)u(n)]=z^{-2}X(z)+x(-1)z^{-1}+x(-2)$
单边左移	$Z[x(n+m)u(n)]=z^{m}\left[X(z)-\displaystyle\sum_{k=0}^{m-1}x(k)z^{-k}\right]$，$m \geqslant 1$
单边左移	$Z[x(n+1)u(n)]=zX(z)+x(0)z$
单边左移	$Z[x(n+2)u(n)]=z^{2}X(z)+x(0)z^{2}-x(1)z$
后向差分 $\nabla x(n)=x(n)-x(n-1)$	$(1-z^{-1})X(z)-x(-1)$
前向差分 $\Delta x(n)=x(n+1)-x(n)$	$(z-1)X(z)-x(0)z$
序列的线性加权（z 域微分）	$Z[nx(n)]=-z\dfrac{\mathrm{d}}{\mathrm{d}z}X(z)$
序列的线性加权（z 域微分）	$Z[n^m x(n)]=\left(-z\dfrac{\mathrm{d}}{\mathrm{d}z}\right)^m X(z)$
序列的指数加权（z 域尺度变换）	$Z[a^n x(n)]=X\left(\dfrac{z}{a}\right)$，$\lvert a \rvert R_{x-} < \lvert z \rvert < \lvert a \rvert R_{x+}$
序列的指数加权（z 域尺度变换）	$Z[(-1)^n x(n)]=X(-z)$
序列的指数加权（z 域尺度变换）	$Z[\mathrm{e}^{\mathrm{j}\omega_0 n}x(n)]=X(\mathrm{e}^{-\mathrm{j}\omega_0}z)$
序列转置	$Z[x(-n)]=X(z^{-1})$，$1/R_{x+} < \lvert z \rvert < 1/R_{x-}$
初值定理	对于因果序列 $x(n)$，$x(0)=\lim\limits_{z\to\infty}X(z)$
终值定理	对于因果序列 $x(n)$，$\lim\limits_{n\to\infty}x(n)=\lim\limits_{z\to1}\left[(z-1)X(z)\right]$

性　　质	z 变换
时域卷积定理(序列卷积)	$Z[x(n)*h(n)]=X(z)H(z)$
z 域卷积定理(序列相乘)	$Z[x(n)h(n)]=\dfrac{1}{2\pi j}\oint_c X(v)H\left(\dfrac{z}{v}\right)v^{-1}\mathrm{d}v,$ $R_{x-}R_{h-}<\mid z\mid<R_{x+}R_{h+}$

1) 用部分分式展开法求拉氏逆变换

例 3.1　求 $F(s)=\dfrac{s+4}{s^3+3s^2+2s}$ 的原函数 $f(t)$。

解　象函数 $F(s)$ 的分母多项式

$$A(s)=s^3+3s^2+2s=s(s+1)(s+2)$$

方程 $A(s)=0$ 有三个单实根 $s_1=0,s_2=-1,s_3=-2$,可得

$$K_1=s\cdot\frac{s+4}{s(s+1)(s+2)}\bigg|_{s=0}=2$$

$$K_2=(s+1)\frac{s+4}{s(s+1)(s+2)}\bigg|_{s=-1}=-3$$

$$K_3=(s+2)\frac{s+4}{s(s+1)(s+2)}\bigg|_{s=-2}=1$$

所以

$$F(s)=\frac{s+4}{s(s+1)(s+1)}=\frac{2}{s}-\frac{3}{s+1}+\frac{1}{s+2}$$

取其逆变换,得

$$f(t)=2-3\mathrm{e}^{-t}+\mathrm{e}^{-2t},\quad t\geqslant 0$$

或写为

$$f(t)=(2-3\mathrm{e}^{-t}+\mathrm{e}^{-2t})\varepsilon(t)$$

例 3.2　已知 $F(s)=\dfrac{s-2}{s(s+1)^2}$,求原函数 $f(t)$。

解　$F(s)$ 有重根,进行部分分式展开,有

$$F(s)=\frac{K_0}{s}+\frac{A_{11}}{(s+1)^2}+\frac{A_{12}}{s+1}$$

求得系数,得

$$F(s)=\frac{-2}{s}+\frac{3}{(s+1)^2}+\frac{2}{s+1}$$

设 $F_1(s)=\dfrac{1}{s+1}$,则 $f_1(t)=\mathrm{e}^{-t}u(t)$,由于

$$\frac{\mathrm{d}}{\mathrm{d}s}F_1(s)=\frac{-1}{(s+1)^2}$$

则 $\dfrac{3}{(s+1)^2}=-3\dfrac{\mathrm{d}}{\mathrm{d}s}F_1(s)$,因此

$$\mathscr{L}^{-1}\left[\frac{3}{(s+1)^2}\right]=3tf_1(t)=3t\mathrm{e}^{-t}u(t)$$

故

$$f(t)=(-2+3t\mathrm{e}^{-t}+2\mathrm{e}^{-t})u(t)$$

2) 基于 MATLAB 符号数学工具箱实现拉氏变换

例 3.3　试用 MATLAB 的 laplace 函数求 $f(t)=\mathrm{e}^{-t}\sin(at)u(t)$ 的拉氏变换。

解 MATLAB 源程序为

```
f=sym('exp(-t)*sin(a*t)');
L=laplace(f)
```

说明 如果连续时间信号 $f(t)$ 用符号表达式表示,则可利用 MATLAB 的符号数学工具箱中的 laplace() 函数来实现单边拉氏变换,其语句格式为

```
L=laplace(f)
```

式中:L 返回的是默认符号为自变量 s 的符号表达式;f 则为时域符号表达式,可通过 sym() 函数来定义。

3)基于 MATLAB 符号数学工具箱实现拉氏逆变换

例 3.4 试用 MATLAB 的 ilaplace() 函数求 $F(s) = \dfrac{s^2}{s^2+1}$ 的拉氏逆变换。

解 MATLAB 源程序为

```
F=sym('s^2/(s^2+1)');
ft=ilaplace(F)
```

说明 如果连续时间信号 $f(t)$ 用符号表达式表示,则可利用 MATLAB 的符号数学工具箱中的 ilaplace() 函数来实现单边拉氏逆变换,其语句格式为

```
f=ilaplace(L)
```

式中:L 返回的是默认符号为自变量 t 的符号表达式;L 则为 s 域符号表达式,可通过 sym() 函数来定义。

4)基于 MATLAB 部分分式展开法实现拉氏逆变换

例 3.5 利用 MATLAB 部分分式展开法求 $F(s) = \dfrac{s+2}{s^3+4s^2+3s}$ 的拉氏逆变换。

解 MATLAB 源程序为

```
Format rat;          %%将结果数据以分数的形式表示
B=[1,2];
A=[1,4,3,0];
[r,p]=residue(B,A)
```

说明 用 MATLAB 函数 residue() 可得到复杂有理分式 $F(s)$ 的部分分式展开式,其语句格式为

```
[r,p,k]=residue(B,A)
```

其中:B、A 分别表示 $F(s)$ 的分子和分母多项式的系数向量;r 为部分分式的系数;p 为极点;k 为 $F(s)$ 中整式部分的系数。若 $F(s)$ 为有理真分式,则 k 为 0。

5)用幂级数展开法求 z 逆变换

例 3.6 已知象函数

$$F(z) = \frac{z^2}{(z+1)(z-2)} = \frac{z^2}{z^2-z-2}$$

其收敛域为 $1 < |z| < 2$,求其原序列 $f(k)$。

解 $F(z)$ 的收敛域为 $1 < |z| < 2$ 的环形区域,其原序列 $f(k)$ 为双边序列。将

$F(z)$展开成部分分式,有

$$F(z)=\frac{z^2}{(z+1)(z-2)}=\frac{\frac{1}{3}z}{z+1}+\frac{\frac{2}{3}z}{z-2}, \quad 1<|z|<2$$

根据给定的收敛域不难看出,上式第一项属于因果序列的象函数 $F_1(z)$,第二项属于反因果序列的象函数 $F_2(z)$,即

$$F_1(z)=\frac{\frac{1}{3}z}{z+1}, \quad |z|>1$$

$$F_2(z)=\frac{\frac{2}{3}z}{z-2}, \quad |z|<2$$

将它们展开为 z^{-1} 和 z 的幂级数,有

$$F_1(z)=\frac{\frac{1}{3}z}{z+1}=\frac{1}{3}-\frac{1}{3}z^{-1}+\frac{1}{3}z^{-2}-\frac{1}{3}z^{-3}+\cdots$$

$$F_2(z)=\frac{\frac{2}{3}z}{z-2}=\cdots-\frac{1}{12}z^3-\frac{1}{6}z^2-\frac{1}{3}z$$

于是得原序列为

$$f(k)=\left\{\cdots,-\frac{1}{12},-\frac{1}{6},-\frac{1}{3},\frac{1}{3},-\frac{1}{3},\frac{1}{3},-\frac{1}{3},\cdots\right\}$$

6)用部分分式展开求 z 逆变换

例 3.7 已知象函数

$$F(z)=\frac{z^2}{(z+1)(z-2)}$$

其收敛域为 $1<|z|<2$,求其原序列。

解 为将 $F(z)$ 展开为部分分式,先求 $F(z)$ 的极点,即 $F(z)$ 的分母多项式 $A(z)=0$ 的根。由 $F(z)$ 可见,其极点为 $Z_0=0,Z_1=-1,Z_2=2$。于是 $\frac{F(z)}{z}$ 可展开成部分分式

$$\frac{F(z)}{z}=\frac{z^2}{z(z+1)(z-2)}=\frac{z}{(z+1)(z-2)}=\frac{K_1}{z+1}+\frac{K_2}{z-2}$$

可得

$$K_1=\frac{1}{3}(z+1)\frac{F(z)}{z}\bigg|_{z=-1}=\frac{1}{3}$$

$$K_2=\frac{1}{3}(z-2)\frac{F(z)}{z}\bigg|_{z=2}=\frac{2}{3}$$

于是得

$$\frac{F(z)}{z}=\frac{\frac{1}{3}}{z+1}+\frac{\frac{2}{3}}{z-2}$$

即

$$F(z)=\frac{\frac{1}{3}z}{z+1}+\frac{\frac{2}{3}z}{z-2}$$

收敛域为 $1<|z|<2$,由展开式不难看出,其第一项属于因果序列($|z|>1$),第二项属于反因果序列($|z|<2$),故

$$f(k) = -\frac{2}{3}(2)^k \varepsilon(-k-1) + \frac{1}{3}(-1)^k \varepsilon(k)$$

例 3.8 求象函数 $F(z) = \dfrac{z^3+6}{(z+1)(z^2+4)}$，$|z|>2$ 的 z 逆变换。

解 $F(z)$ 的极点为 $z_1 = -1$，$z_{2,3} = \pm j2 = 2e^{\pm j\frac{\pi}{2}}$，$\dfrac{F(z)}{z}$ 可展开为

$$\frac{F(z)}{z} = \frac{z^3+6}{z(z+1)(z^2+4)} = \frac{k_0}{z} + \frac{k_1}{z+1} + \frac{k_2}{z-j2} + \frac{k_2^*}{z+j2}$$

其中
$$K_0 = z\frac{F(z)}{z}\Big|_{z=0} = 1.5$$

$$K_1 = (z+1)\frac{F(z)}{z}\Big|_{z=-1} = -1$$

$$K_2 = (z-j2)\frac{F(z)}{z}\Big|_{z=j2} = \frac{1+j2}{4} = \frac{\sqrt{5}}{4}e^{j63.4°}$$

于是得
$$F(z) = 1.5 - \frac{z}{z+1} + \frac{\frac{\sqrt{5}}{4}e^{j63.4°}z}{z-2e^{j\frac{\pi}{2}}} + \frac{\frac{\sqrt{5}}{4}e^{-j63.4°}z}{z-2e^{-j\frac{\pi}{2}}}$$

取上式逆变换，得

$$f(k) = \left[1.5\delta(k) - (-1)^k + \frac{\sqrt{5}}{2}2^k\cos\left(\frac{k\pi}{2}+63.4°\right)\right]\varepsilon(k)$$

$$= \left[1.5\delta(k) - (-1)^k + \sqrt{5}2^{k-1}\cos\left(\frac{k\pi}{2}+63.4°\right)\right]\varepsilon(k)$$

例 3.9 求象函数 $F(z) = \dfrac{z^3+z^2}{(z-1)^3}$，$|z|>1$ 的 z 逆变换。

解 将 $\dfrac{F(z)}{z}$ 展开为

$$\frac{F(z)}{z} = \frac{z^2+z}{(z-1)^3} = \frac{K_{11}}{(z-1)^3} + \frac{K_{12}}{(z-1)^2} + \frac{K_{13}}{z-1}$$

其中
$$K_{11} = (z-1)^3\frac{F(z)}{z}\Big|_{z=1} = 2$$

$$K_{12} = \frac{d}{dz}\left[(z-1)^3\frac{F(z)}{z}\right]\Big|_{z=1} = 3$$

$$K_{13} = \frac{1}{2}\frac{d^2}{dz^2}\left[(z-1)^3\frac{F(z)}{z}\right]\Big|_{z=1} = 1$$

所以
$$\frac{F(z)}{z} = \frac{2}{(z-1)^3} + \frac{3}{(z-1)^2} + \frac{1}{z-1}$$

由于收敛域 $|z|>1$，可得 $F(z)$ 的逆变换为

$$f(k) = \left[\frac{2}{2!}k(k-1) + 3k + 1\right]\varepsilon(k) = (k+1)^2\varepsilon(k)$$

7）基于 MATLAB 符号数学工具箱实现 z 变换

例 3.10 试用 MATLAB 的 ztrans() 函数求 $x(n) = a^n\cos(\pi n)u(n)$ 的 z 变换。

解 MATLAB 源程序为

```
x=sym('a^n*cos(pi*n)');
z=ztrans(x);
```

```
simplify(z)
```

说明　MATLAB 符号数学工具箱提供了计算离散时间信号单边 z 变换的函数 ztrans() 和 z 逆变换函数 iztrans()，其语句格式为

```
Z=ztrans(x)
X=iztrans(z)
```

上式中的 X 和 Z 分别为时域表达式和 z 域表达式的符号表达，可通过 sym() 函数来定义。

8）基于 MATLAB 符号数学工具箱实现 z 逆变换

例 3.11　试用 MATLAB 的 iztrans() 函数求 $X(z)=\dfrac{8z-19}{z^2-5z+6}$ 的 z 逆变换。

解　MATLAB 源程序为

```
Z=sym('(8*z-19)/(z^2-5z+6)');
x=iztrans(Z);
simplify(x)
```

9）基于 MATLAB 部分分式展开法实现 z 逆变换

例 3.12　利用 MATLAB 部分分式展开法求 $X(z)=\dfrac{18}{18+3z^{-1}+3z^{-2}-4z^{-3}}$ 的 z 逆变换。

解　MATLAB 源程序为

```
B=[18];
A=[18,3,3,-4];
[R,P,K]=residuez(B,A)
```

3.4　实验指导

3.4.1　实验目的

（1）掌握用 MATLAB 实现信号的拉氏变换及其逆变换。

（2）掌握 MATLAB 的 z 变换和 z 逆变换的变换特点，以及零极点对收敛域的影响。

（3）了解 ilaplace、laplace、ztrans、iztans 等函数的调用格式及作用。

（4）掌握用拉氏变换求解微分方程。

3.4.2　实验原理及说明

1）拉氏变换和逆变换的符号运算

在 MATLAB 的符号数学工具箱中，提供了拉氏变换和拉氏逆变换的函数。正变换的函数格式为

```
F=laplace(f)
```

其中:f 为时间函数的符号表达式,F 为拉氏变换式,也是符号表达式。逆变换的函数格式为

```
f=ilaplace(F)
```

其中:F 为拉氏变换式的符号表达式,f 为时间函数,也是符号表达式。

2) z 变换和 z 逆变换的符号运算

在 MATLAB 的符号数学工具箱中,提供了 z 变换和 z 逆变换的函数。正变换的函数格式为

```
F=ztrans(f)
```

其中:f 为时间函数的符号表达式,F 为 z 变换式,也是符号表达式。逆变换的函数格式为

```
f=iztrans(F)
```

其中:F 为 z 变换式的符号表达式,f 为时间函数,也是符号表达式。

3.4.3 实例介绍

实例一　前面的例子只是得出结论,进一步我们需要掌握如何用 MATLAB 来绘制图像。已知连续时间信号 $f(t)=\sin(t)u(t)$,绘制出其拉氏变换的曲面图。

解　先求得该信号的拉氏变换为 $\dfrac{1}{s^2+1}$,$Re[s]>0$。然后,利用 MATLAB 对其进行图形绘制,如下所示。

```
clf;
a=-0.5:0.08:0.5;
b=-1.99:0.08:1.99;
[a,b]=meshgrid(a,b);         %%生成网格矩阵
d=ones(size(a));             %%产生元素全部为 1 的矩阵
c=a+i*b;
c=c.*c;
c=c+d;
c=1./c;
c=abs(c);                    %%对 c 取绝对值
mesh(a,b,c);                 %%绘制的图形是一个一排排的彩色曲线组成的网格图
surf(a,b,c);                 %%绘制着色的三维曲面
axis([-0.5,0.5,-2,2,0,15]);
title('单边正弦信号拉氏变换曲面图')
```

单边正弦信号拉氏变换曲面图如图 3-3 所示。

实例二　已知某连续 LTI 系统的微分方程为 $y''(t)+3y'(t)+2y(t)=x(t)$,且已知激励信号 $x(t)=4e^{-2t}u(t)$,起始条件为 $y(0_-)=3$,$y'(0_-)=4$,求系统的零输入响应、零状态响应和全响应。

解　对原方程两边进行拉氏变换,并利用起始条件,可得

$$s^2Y(s)-sy(0_-)-y(0_-)+3[sY(s)-y(0_-)]+2Y(s)=X(s)$$

将起始条件及激励变换代入上式整理可得

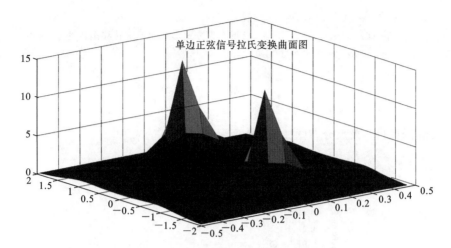

图 3-3 单边正弦信号拉氏变换曲面图

$$Y(s) = \frac{3s+3}{s^2+3s+2} + \frac{X(s)}{s^2+3s+2}$$

其中:第一项为零输入响应的拉氏变换,第二项为零状态响应的拉氏变换。利用 MAT-LAB 求其时域解,源程序如下。

```
syms t s                          %%定义变量 t,s
Yzis=(3*s+13)/(s^2+3*s+2);
yzi=ilaplace(Yzis)                %%求拉氏逆变换
xt=4*exp(-2*t)*heaviside(t);      %%heaviside(t)即为单位阶跃函数 u(t)
Xs=laplace(xt)                    %%求拉氏逆变换
Yzss=Xs/(s^2+3*s+2);
yzs=ilaplace(Yzss)                %%求拉氏逆变换
yt=simplify(yzi+yzs)              %%简化函数形式
```

根据 MATLAB 的运行输出结果,可得:

系统的零输入响应为

$$y_{zi}(t) = (10e^{-t} - 7e^{-2t})u(t)$$

系统的零状态响应为

$$y_{zs}(t) = (4e^{-t} - 4e^{-2t} - 4te^{-2t})u(t)$$

系统的全响应为

$$y(t) = y_{zi}(t) + y_{zs}(t) = (14e^{-t} - 11e^{-2t} - 4te^{-2t})u(t)$$

说明 求解微分方程的方法有很多,后续我们会进一步介绍。在本章中借用 MATLAB 符号数学工具箱求解微分方程,不失为一种简单、快速的方法。

实例三 已知一离散因果系统的系统函数为 $H(z) = \dfrac{z^2+2z+1}{z^3-0.5z^2-0.005z+0.3}$,利用 MATLAB 仿真软件计算出:

(1)系统函数的零、极点,并在 z 平面显示它们的分布;

(2)系统的单位序列响应并画出相应图像;

(3)系统的频率响应并画出相应图像。

解 MATLAB 源程序如下:

```
b=[1 2 1]; a=[1-0.5-0.005 0.3];
[z,p,k]=tf2zp(b,a)          %%求得有理分式形式的系统转移函数的零、极点
B=[0 1 2 1]; A=[1-0.5-0.005 0.3];
figure;
zplane(B,A);                %%绘制离散时间系统的零、极点值
title('系统函数的零、极点分布图');
```

系统函数的零、极点分布图如图 3-4 所示。

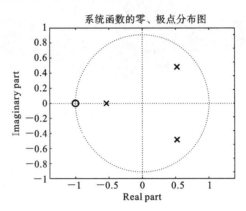

图 3-4   系统函数的零、极点分布图

```
% 求解系统单位序列响应及频率响应示例程序
B=[0 1 2 1]; A=[1-0.5-0.005 0.3]; k=0:40;
h=impz(B,A,k);
figure(1);
stem(k,h);
xlabel('k'); ylabel('h[k]');
title('Impulse response');
[H,w]=freqz(B,A);
figure(2);
subplot(2,1,1)
plot(w/pi,abs(H));
xlabel('ang.freq.\Omega/(rad/s)'); ylabel('|H(e^j^\Omega)|');
title('Magnitude response');
subplot(2,1,2)
plot(w/pi,angle(H));
xlabel('ang.freq.\Omega/(rad/s)'); ylabel('Angle');
title('Angle response');
```

系统的单位序列响应如图 3-5 所示,系统的频率响应如图 3-6 所示。

实例四   尝试获取一段心电图信号,并对其进行拉氏变换,看看会有什么样的图形变换特征。

解   心电图数据来源于麻省理工学院开放实验室数据(MIT-BIH ECG)。其数据可存为".txt"文本格式,为了方便实验使用,可以转换为更加方便的 Excel 表格形式。利用 MATLAB 对数据进行处理如下。

```
clear, close all;
```

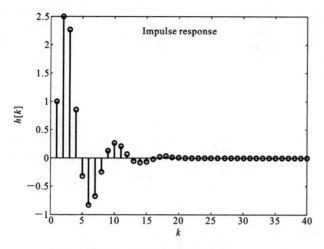

图 3-5 系统的单位序列响应

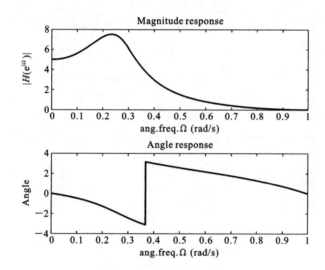

图 3-6 系统的频率响应

```
x=xlsread('ECG.xlsx', 'Sheet1', 'C3:C3600');    %%读取 Excel 表格数据的方
                                                    法:该表达式意味着,读入
                                                    名为"ECG.xlsx"文件中表
                                                    格名为"Sheet1"的 C3 到
                                                    C3600 部分的全部数据
y=xlsread('ECG.xlsx', 'Sheet1', 'D3:D3600');    %%用法同上
figure;
subplot(2, 1, 1)
plot(x,y);
xlabel('时间/秒');
ylabel('心电图读数/伏');
subplot(2, 1, 2)
y2= smooth(y, 5);    %%smooth()是一个平滑函数,相当于滤波器的作用。这里的表
                        达式意味着对 y 进行深度为 5 的多项式平滑运算。smooth()
                        函数的选择项较多,具体用法请参看 MATLAB 的帮助文件。
```

```
plot(x, y2);
xlabel('时间/秒');
ylabel('平滑后心电图读数/伏');
syms s t;
y3=downsample(y2, 220);
t=poly2sym(y3, s);
figure(2);
ezplot(laplace(t));
title('拉氏变换结果');
```

%%原数据量过大,需要进行下采样以减少数据个数。下采样函数为 downsample(),这里的表达式意味着每间隔 220 个数据对 y2 采样一次。

%%poly2sym()是一个非常有意思的函数,可以将多项式的系数转化为符号型变量,有利于在离散型和符号型数据之间构建连接。

心电图信号的波形图如图 3-7 所示,对心电图信号进行拉氏变换的结果如图 3-8 所示。

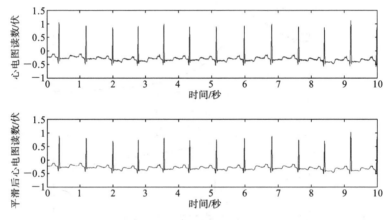

图 3-7　心电图信号的波形图

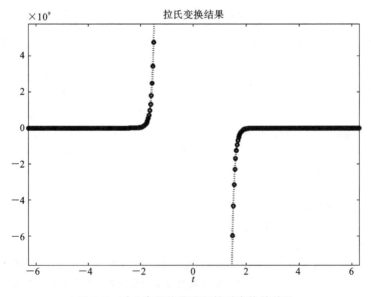

图 3-8　对心电图信号进行拉氏变换的结果

说明 由于拉氏变换缺乏足够的物理意义,这里虽然选取心电图信号进行了拉氏变换,但其变换后的结果很难解读出更深层次的含义,更多地还是理解为一种纯数学程度的信号处理。

3.4.4 实验内容及步骤

1)验证实验内容

修改 3.4.3 节中实例三的系统函数,令其为 $H(z)=\dfrac{z^5+0.05z+4}{z^3-8z^2-2z+1}$,并在 MAT-LAB 上进行验证。

2)程序设计实验内容

(1)利用 MATLAB 命令求出 $(2-e^{-t})u(t)$ 和 $[1+\cos(\pi t)][u(t)-u(t-2)]$ 的拉氏变换并画出图像。

(2)利用 MATLAB 命令求出 $X(z)=\dfrac{z}{3z^2-5z+1}(1<|z|<\infty)$ 的 z 逆变换。

(3)$x(t)=\cos(\omega_0 t)-\dfrac{1}{3}\cos(3\omega_0 t)+\dfrac{1}{5}\cos(5\omega_0 t)-\cdots$,其中 $\omega_0=0.5\pi$,要求将一个图形窗口分割成四个子图,分别绘制 $\cos(\omega_0 t)$、$\cos(3\omega_0 t)$、$\cos(5\omega_0 t)$ 和 $x(t)$ 的波形图,并给图形注明标题、网格线以及横坐标单位,并且程序能够接受从键盘输入和式中的项数,尝试用 MATLAB 符号数学工具箱求出它们的拉氏变换。

(4)编写 MATLAB 程序,该程序能接受从键盘上输入的系统函数的分子分母多项式系数向量,并绘制该系统的零、极点图和拉氏变换曲面图。

(5)已知因果离散系统的系统函数为 $H(z)=\dfrac{z^2-2z+4}{z^2-0.5z+0.25}$。利用 MATLAB 计算系统函数的零、极点,在 z 平面画出其零、极点分布图,并分析系统的稳定性。求出系统的单位序列响应和频率响应,并用 subplot 绘制波形。

3.4.5 实验报告要求

(1)在编写实验内容的代码中应仔细区分 x 和 $.x$ 的区别,不可混淆,否则 MAT-LAB 会报错。

(2)图中的坐标和标题栏请根据实际需要进行绘制,必要时标注好 x 轴、y 轴和 z 轴的单位。

(3)绘制新的图形时,应使用 clf 命令清除图形,避免原来的图像与当前图像产生重叠,造成不必要的干扰。类似的命令还有 clc、clear 等。

(4)当遇到比较复杂的指令时,可使用 MATLAB 中的 help 命令来查看帮助。

3.5 学习思考

(1)系统函数的零、极点分布与系统的滤波特性有何联系?如果某滤波器的系统函数没有零点,那么推测一下这会是一个什么样的滤波器?可以自由编程进行测试。

(2)自由发挥编写一个程序,用图形的方式表明拉氏变换与傅里叶变换的关系(给

定信号 $h(t)$，如果它的拉氏变换存在的话，它的傅里叶变换不一定存在，只有当它的拉氏变换的收敛域包括了整个虚轴，则表明其傅里叶变换是存在的）。点击工具栏上的旋转按钮，从各个角度观察拉氏变换曲面图和傅里叶变换曲面图，对两者进行比较进一步加深理解与记忆。

系统的变换域分析

4.1 引言

前一章讨论学习了拉氏变换和 z 变换,本章将研究系统的变换域分析,通过变换域的分析,将原来较为复杂的时域求解过程简化。对于连续时间系统,通过拉氏变换,可以将原来求解微分方程的问题转变为求解代数方程的问题;对于离散时间系统,通过 z 变换,可以将原来求解差分方程的问题转变为求解代数方程的问题。

4.2 重要知识点

4.2.1 微分方程的变换解

LTI 连续系统的数学模型是常系数微分方程。在第二章中讨论了微分方程的时域解法,求解过程较为烦琐。而这里是用拉氏变换求解微分方程,求解简单明了、方便易行。

设 $f(t)$ 为连续系统的激励,$y(t)$ 为响应,n 阶系统的微分方程的一般形式可写为

$$\sum_{i=0}^{n} a_i y^{(i)}(t) = \sum_{j=0}^{m} b_j f^{(j)}(t)$$

式中:系数 $a_i (i=0,1,\cdots,n)$、$b_j (j=0,1,\cdots,m)$ 均为实数,设系统的初始状态为 $y(0_-)$,$y^{(1)}(0_-),\cdots,y^{(n-1)}(0_-)$,根据时域微分定理进行两端拉氏变换,得

$$\sum_{i=0}^{n} a_i \left[s^i Y(s) - \sum_{p=0}^{i-1} s^{i-1-p} y^{(p)}(0_-) \right] = \sum_{j=0}^{m} b_j s^j F(s)$$

化简后得

$$\left[\sum_{i=0}^{n} a_i s^i \right] Y(s) - \sum_{i=0}^{n} a_i \left[\sum_{p=0}^{i-1} s^{i-1-p} y^{(p)}(0_-) \right] = \left[\sum_{j=0}^{m} b_j s^j \right] F(s)$$

解得

$$Y(s) = \frac{M(s)}{A(s)} + \frac{B(s)}{A(s)} F(s)$$

又

$$Y(s) = Y_{zi}(s) + Y_{zs}(s) = \frac{M(s)}{A(s)} + \frac{B(s)}{A(s)} F(s)$$

取逆变换,得全响应

$$y(t) = y_{zi}(t) + y_{zs}(t)$$

4.2.2 系统函数

由 4.2.1 节可知 n 阶 LTI 系统的微分方程可写为

$$\sum_{i=0}^{n} a_i y^{(i)}(t) = \sum_{j=0}^{m} b_j f^{(j)}(t)$$

设 $t = 0$ 时 $f(t)$ 接入系统,则其零状态响应的象函数为

$$Y_{zs}(s) = \frac{B(s)}{A(s)} F(s)$$

其中:$F(s)$ 为激励 $f(t)$ 的象函数,$A(s)$、$B(s)$ 分别为

$$A(s) = \sum_{i=0}^{n} a_i s^i$$

$$B(s) = \sum_{j=0}^{m} b_j s^j$$

系统的零状态响应的象函数 $Y_{zs}(s)$ 与激励的象函数 $F(s)$ 之比称为系统函数,用 $H(s)$ 表示,即

$$H(s) = \frac{Y_{zs}(s)}{F(s)} = \frac{B(s)}{A(s)}$$

系统函数只与系统的结构、元件参数等有关,而与外界因素无关。

由第三章可知冲激响应 $h(t)$ 是输入信号 $f(t) = \delta(t)$ 时系统的零状态响应,故可知系统的冲激响应 $h(t)$ 与系统函数 $H(s)$ 是拉氏变换对。

$$h(t) \leftrightarrow H(s)$$

4.2.3 系统的 s 域框图

系统分析中也常遇到用时域框图描述的系统,这时可根据系统框图中各基本运算部件的运算关系列出描述该系统的微分方程,然后求该方程的解(用时域法或拉氏变换法)。如果根据系统的时域框图画出其相应的 s 域框图,就可直接按 s 域框图列写有关象函数代数方程,然后解出响应的象函数,取其逆变换求得系统的响应,使得运算简化。

各种基本运算部件分别在时域和 s 域的对应关系如图 4-1 所示。

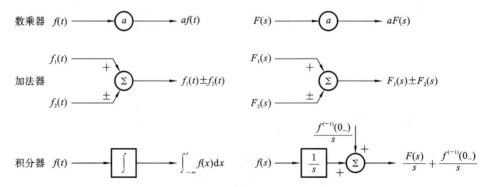

图 4-1 时域与 s 域基本运算的系统框图

4.2.4 电路的 s 域模型

研究电路问题的基本依据是描述互连各支路电流、电压相互关系的基尔霍夫定律和电路元件端电压与流经该元件电流的关系(VCR)。本节讨论它们在 s 域的形式。

KCL 方程 $\sum i(t)=0$ 描述了在任意时刻流入(或流出)任一节点(或割集)各电流关系的方程,它是各电流的一次函数(线性函数),若各电流 $i_j(t)$ 的象函数为 $I_j(s)$(称其为象电流),则由线性性质有 $\sum I(s)=0$,该式表明对任一节点(或割集),流入(或流出)该节点的象电流的代数和恒等于零。

同理,KVL 方程 $\sum u(t)=0$ 也是回路中各支路电压的一次函数,若各支路电压 $u_j(t)$ 的象函数为 $U_j(s)$(称其为象函数),则由线性性质有 $\sum U(s)=0$,该式表明,对任一回路,各支路象电压的代数和恒等于零。

对于线性时不变二端元件 R、L、C,若规定其端电压 $u(t)$ 与电流 $i(t)$ 为关联参考方向,其相应的象函数分别为 $U(s)$ 和 $I(s)$,那么由拉氏变换的线性性质及微分性质、积分性质可得到它们的 s 域模型。

(1) 电阻 $R\left(R=\dfrac{1}{G}\right)$。

电阻 R 的时域电压电流关系为 $u(t)=Ri(t)$,取拉氏变换得

$$U(s)=RI(s) \quad 或 \quad I(s)=GU(s)$$

电阻的 s 域模型如图 4-2 所示。

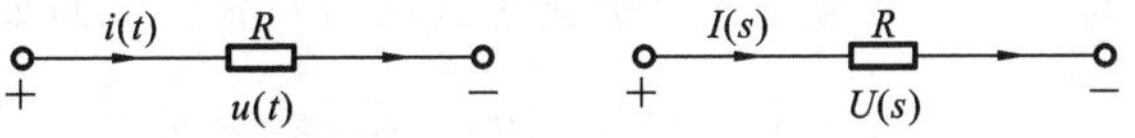

图 4-2 电阻的 s 域模型

(2) 电感 L。

对于含有初始值 $i_L(0_-)$ 的电感 L,其时域的电压电流关系为 $u(t)=L\dfrac{\mathrm{d}i(t)}{\mathrm{d}t}$,根据时域微分定理有

$$U(s)=sLI(s)-Li_L(0_-)$$

这可称为电感 L 的 s 域模型。

由此式可知,电感端电压的象函数(在不致混淆的情况下也简称为电压)等于两项之差。根据 KVL,它是由两部分电压相串联组成,其第一项是 s 域感抗(简称感抗)sL 与象电流 $I(s)$ 的乘积;其第二项相当于某电压源的象函数 $Li_L(0_-)$,可称之为内部象电压源。这样,电感 L 的 s 域模型是由感抗 sL 与内部象电压源 $Li_L(0_-)$ 串联组成。

如果将上式同除以 sL 并且移项得

$$I(s)=\frac{1}{sL}U(s)+\frac{i_L(0_-)}{s}$$

该式表明,象电流 $I(s)$ 等于两项之和。根据 KCL,它由两部分电流并联组成,其第一项是感纳 $\dfrac{1}{sL}$ 与电压 $U(s)$ 的乘积,其第二项为内部象电流源 $\dfrac{i_L(0_-)}{s}$。

电感的 s 域模型如图 4-3 所示。

5

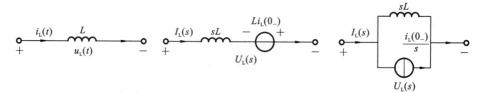

图 4-3　电感的 s 域模型

（3）电容 C。

对于含有初始值 $u_c(0_-)$ 的电容 C，用分析电感 s 域模型类似的方法，可得电容 C 的 s 域模型为

$$U(s)=\frac{1}{sC}I(s)+\frac{\mu_c(0_-)}{s};\quad I(s)=sCU(s)-C\mu_C(0_-)$$

电容的 s 域模型如图 4-4 所示。

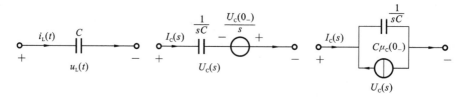

图 4-4　电容的 s 域模型

4.2.5　拉氏变换和傅里叶变换

单边拉氏变换与傅里叶变换的定义分别为式（4-1）、式（4-2），如下

$$F(s)=\int_0^\infty f(t)e^{-st}\,dt,\quad Re[s]>\sigma_0 \tag{4-1}$$

$$F(j\omega)=\int_{-\infty}^\infty f(t)e^{-j\omega t}\,dt \tag{4-2}$$

应该注意到，单边拉氏变换中的信号 $f(t)$ 是因果信号，即当 $t<0$ 时，$f(t)=0$，因而只能研究因果信号的傅里叶变换与其拉氏变换的关系。设拉氏变换的收敛域为 $Re[s]>\sigma_0$，依据收敛坐标 σ_0 的值可分为以下三种情况。

（1）$\sigma_0>0$。

如果 $f(t)$ 的象函数 $F(s)$ 的收敛坐标 $\sigma_0>0$，则其收敛域在虚轴以右，因而在 $s=j\omega$ 处，即在虚轴上式（4-1）不收敛。在这种情况下，函数 $f(t)$ 的傅里叶变换不存在。例如，函数 $f(t)=e^{at}\varepsilon(t)(a>0)$，其收敛域为 $Re[s]>\alpha$。

（2）$\sigma_0<0$。

如果象函数 $F(s)$ 的收敛坐标 $\sigma_0<0$，则其收敛坐标在虚轴以左，在这种情况下，式（4-1）在虚轴上也收敛。因而在式（4-1）中令 $s=j\omega$，就得到相应的傅里叶变换。所以，若收敛坐标 $\sigma_0<0$，则因果函数 $f(t)$ 的傅里叶变换

$$F(j\omega)=F(s)\big|_{s=j\omega}$$

例如，$f(t)=e^{-at}\varepsilon(t)(a>0)$ 其拉氏变换为

$$F(s)=\frac{1}{s+\alpha},\quad Re[s]>-\alpha$$

其傅里叶变换为

$$F(\mathrm{j}\omega) = F(s)\Big|_{s=\mathrm{j}\omega} = \frac{1}{\mathrm{j}\omega + \alpha}$$

(3) $\sigma_0 = 0$。

如果象函数 $F(s)$ 的收敛坐标 $\sigma_0 = 0$，那么式(4-1)在虚轴上不收敛，因此不能直接利用式 $F(\mathrm{j}\omega) = F(s)\big|_{s=\mathrm{j}\omega}$ 求得其傅里叶变换。

如果函数 $f(t)$ 的象函数 $F(s)$ 的收敛坐标 $\sigma_0 = 0$，那么它必然在虚轴上有极点，即 $F(s)$ 的分母多项式 $A(s) = 0$ 必有虚根。设 $A(s) = 0$ 有 N 个虚根（单根）$\mathrm{j}\omega_1$、$\mathrm{j}\omega_2$、…、$\mathrm{j}\omega_N$，将 $F(s)$ 展开成部分分式，并把它分为两部分，其中极点在左半平面的部分令为 $F_a(s)$。这样，象函数 $F(s)$ 可以写为

$$F(s) = F_a(s) + \sum_{i=1}^{N} \frac{K_i}{s - \mathrm{j}\omega_i}$$

函数 $f(t)$ 的傅里叶变换为

$$F(\mathrm{j}\omega) = F(s)\Big|_{s=\mathrm{j}\omega} + \sum_{i=1}^{N} \pi K_i \delta(\omega - \omega_i)$$

4.2.6 差分方程的 z 域解

设 LTI 系统的激励为 $f(k)$，响应为 $y(k)$，描述 n 阶系统的后向差分方程的一般形式可写为

$$\sum_{i=0}^{n} a_{n-i} y(k-i) = \sum_{j=0}^{m} b_{m-j} f(k-j) \tag{4-3}$$

式中：$a_{n-i}(i=0,1,\cdots,n)$、$b_{m-j}(j=0,1,\cdots,m)$ 均为实数，设 $f(k)$ 是在 $k=0$ 时接入的，系统的各初始状态为 $y(-1)$、$y(-2)$、…、$y(-n)$。

令 $y(k)$ 的 z 变换为 $Y(z)$，$f(k)$ 的 z 变换为 $F(z)$。根据单边 z 变换的移位特性，右移 i 个单位的 z 变换为

$$y(k-i) \leftrightarrow z^{-i} Y(z) + \sum_{k=0}^{i-1} y(k-i) z^{-k} \tag{4-4}$$

如果 $f(k)$ 是在 $k=0$ 时接入的（或 $f(k)$ 为因果序列），那么在 $k<0$ 时 $f(k)=0$，即 $f(-1) = f(-2) = \cdots = f(-m) = 0$，因而 $f(k-j)$ 的 z 变换为

$$f(k-i) = z^{-i} F(z) \tag{4-5}$$

取式(4-3)的 z 变换，将式(4-4)、式(4-5)代入，得

$$\sum_{i=0}^{n} a_{n-i} \left[z^{-i} Y(z) + \sum_{k=0}^{n-1} y(k-i) z^{-k} \right] = \sum_{j=0}^{m} b_{m-j} \left[z^{-j} F(z) \right]$$

即 $\quad \left(\sum_{i=0}^{n} a_{n-i} z^{-i} \right) Y(z) + \sum_{i=0}^{n} a_{n-i} \left[\sum_{k=0}^{i-1} y(k-i) z^{-k} \right] = \left(\sum_{j=0}^{m} b_{m-j} z^{-j} \right) F(z)$

由上式可解得

$$Y(z) = \frac{M(z)}{A(z)} + \frac{B(z)}{A(z)} F(z) \tag{4-6}$$

式中：

$$M(z) = -\sum_{i=0}^{n} a_{n-i} \left[\sum_{k=0}^{i-1} y(k-i) z^{-k} \right], \quad A(z) = \sum_{i=0}^{n} a_{n-i} z^{-i}, \quad B(z) = \sum_{j=0}^{m} b_{m-j} z^{-j}$$

$A(z)$ 与 $B(z)$ 是 z^{-1} 的多项式（在求解时，常同乘以 z^n，变为 z 的正幂次多项式），它们

的系数分别是差分方程的系数 a_{n-i} 和 b_{m-j}。$M(z)$ 也是 z^{-1} 的多项式,其系数仅与 a_{n-i} 和响应的各初始状态 $y(-1)$、$y(-2)$、$\cdots$、$y(-n)$ 有关,而与激励无关。

由式(4-6)可以看出,其第一项仅与初始状态有关而与输入无关,因而是零输入响应 $y_{zi}(k)$ 的象函数,令为 $Y_{zi}(z)$;其第二项仅与输入有关而与初始状态无关,因而是零状态响应 $y_{zs}(k)$ 的象函数,令为 $Y_{zs}(z)$。而式(4-6)可以写为

$$Y(z)=Y_{zi}(z)+Y_{zs}(z)=\frac{M(z)}{A(z)}+\frac{B(z)}{A(z)}F(z)$$

式中:$Y_{zi}(z)=\dfrac{M(z)}{A(z)}$,$Y_{zs}(z)=\dfrac{B(z)}{A(z)}F(z)$。取上式的逆变换,得系统的全响应

$$y(k)=y_{zi}(k)+y_{zs}(k)$$

4.2.7 系统函数

通过 4.2.6 节知道,描述 n 阶 LTI 系统的后向差分方程为

$$\sum_{i=0}^{n}a_{n-i}y(k-i)=\sum_{j=0}^{m}b_{m-j}f(k-j)$$

设 $f(k)$ 是 $k=0$ 时接入的,则其零状态响应的象函数

$$Y_{zs}(z)=\frac{B(z)}{A(z)}F(z)$$

式中:$F(z)$ 为激励 $f(k)$ 的象函数,$A(z)$、$B(z)$ 分别为

$$A(z)=\sum_{i=0}^{n}a_{n-i}z^{-i}=a_n+a_{n-1}z^{-1}+\cdots+a_0z^{-n}$$

$$B(z)=\sum_{j=0}^{m}b_{m-j}z^{-j}=b_m+b_{m-1}z^{-1}+\cdots+b_0z^{-m}$$

它们很容易由差分方程写出。其中 $A(z)$ 称为方程式(4-3)的特征多项式,$A(z)=0$ 的根称为特征根。

系统的零状态响应的象函数 $Y_{zs}(z)$ 与激励函数 $F(z)$ 之比称为系统函数,用 $H(z)$ 表示,即

$$H(z)=\frac{Y_{zs}(z)}{F(z)}=\frac{B(z)}{A(z)}$$

由描述系统的差分方程容易写出该系统的系统函数 $H(z)$,反之亦然。系统函数 $H(z)$ 只与系统的结构、参数等有关。

引入系统函数的概念后,零状态响应的象函数可以写为

$$Y_{zs}(z)=H(z)F(z)$$

单位序列响应 $h(k)$ 是输入为 $\delta(k)$ 时系统的零状态响应。

$$h(k)\leftrightarrow H(z)$$

4.2.8 系统的 z 域框图

系统分析中常遇到用 k 域框图描述的系统,这时可根据系统框图中各基本运算部件的运算关系列出描述该系统的差分方程,然后求出该方程的解。如果根据系统的 k 域框图画出其响应的 z 域框图,就可以直接根据 z 域框图列出有关的象函数代数方程,然后解出响应的象函数,取其逆变换求得系统的 k 域响应,这将使运算简化。

各种基本运算部件如图 4-5 所示。

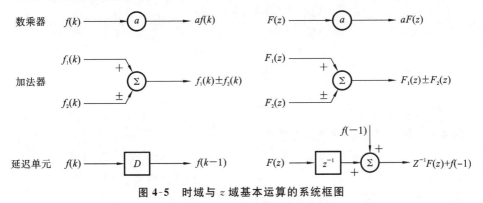

图 4-5　时域与 z 域基本运算的系统框图

4.2.9　s 域与 z 域的关系

通过前面的学习,我们知道复变量 s 与 z 的关系是

$$z = \mathrm{e}^{sT}, \quad s = \frac{1}{T} \ln z$$

式中:T 为采样周期。如果将 s 表示为直角坐标形式 $s = \sigma + \mathrm{j}\omega$,将 z 表示为极坐标形式 $z = \rho\mathrm{e}^{\mathrm{j}\theta}$,将它们代入该式得

$$\rho = \mathrm{e}^{\sigma T}, \quad \theta = \omega T$$

通过上式可以看出:s 平面的左半平面($\sigma < 0$)映射到 z 平面的单位圆内部($|z| = \rho < 0$);s 平面的右半平面($\sigma > 0$)映射到 z 平面的单位圆外部($|z| = \rho > 1$);s 平面 $\mathrm{j}\omega$ 轴($\sigma > 0$)映射为 z 平面中的单位圆($|z| = \rho = 1$)。映射关系如图 4-6 所示。

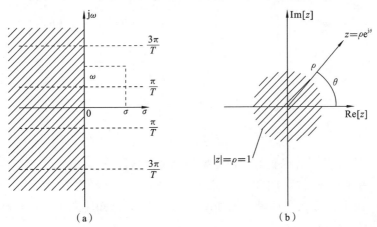

图 4-6　s 域与 z 域映射关系

另外可知,s 平面上的实轴($\omega = 0$)映射为 z 平面的正实轴($\theta = 0$),而原点($\sigma = 0, \omega = 0$)映射为 z 平面上 $z = 1$ 的点($\rho = 1, \theta = 0$)。s 平面上任一点 s_0 映射到 z 平面上的点为 $z = \mathrm{e}^{s_0 T}$。

又由式 $\theta = \omega T$ 可知,当 ω 由 $-\dfrac{\pi}{T}$ 增长到 $\dfrac{\pi}{T}$ 时,z 平面上辐角由 $-\pi$ 增长到 π。也就是说,在 z 平面上,θ 每变化 2π 相应于 s 平面上 ω 变化 $\dfrac{2\pi}{T}$。因此,从 z 平面到 s 平面的

映射是多值的。在 z 平面上的一点 $z=\rho e^{j\theta}$，映射到 s 平面将是无穷多的点，即

$$s=\frac{1}{T}\ln z=\frac{1}{T}\ln \rho+j\frac{\theta+2m\pi}{T}, \quad m=0,\pm 1,\pm 2,\cdots$$

4.3 主要公式和典型例题解答

1）系统函数的定义

例 4.1 某 LTI 系统的微分方程为

$$y''(t)+3y'(t)+2y(t)=2f'(t)+6f(t)$$

已知输入 $f(t)=\varepsilon(t)$，$y(0_+)=2$，$y'(0_+)=2$。求 $y(0_-)$ 和 $y'(0_-)$。

解 由于零状态响应与初始状态无关，即有

$$y_{zs}(t)=(3-4e^{-t}+e^{-2t})\varepsilon(t)$$

不难求得 $y_{zs}(0_+)=0$，$y'_{zs}(0_+)=2$。可得

$$y(0_-)=y(0_+)-y_{zs}(0_+)=2$$
$$y'(0_-)=y'(0_+)-y'_{zs}(0_+)=0$$

说明 零状态响应与初始值无关，系统响应等于零状态响应与零输入响应之和。

2）输入为单位序列时的零状态响应

例 4.2 某 LTI 系统的方程为

$$y(k)-\frac{1}{6}y(k-1)-\frac{1}{6}y(k-2)=f(k)+2f(k-1)$$

求系统的单位序列响应 $h(k)$。

解 零状态响应也满足上述方程，设初始状态为零，对方程取 z 变换，得

$$Y_{zs}(z)-\frac{1}{6}z^{-1}Y_{zs}(z)-\frac{1}{6}z^{-2}Y_{zs}(z)=F(z)+2z^{-1}F(z)$$

$$H(z)=\frac{Y_{zs}(z)}{F(z)}=\frac{1+2z^{-1}}{1-\frac{1}{6}z^{-1}-\frac{1}{6}z^{-2}}=\frac{z^2+2z}{z^2-\frac{1}{6}z-\frac{1}{6}}=\frac{3z}{z-\frac{1}{2}}+\frac{-2z}{z+\frac{1}{3}}$$

取逆变换

$$h(k)=\left[3\left(\frac{1}{2}\right)^k-2\left(-\frac{1}{3}\right)^k\right]\varepsilon(k)$$

说明 本题中的系统函数的 z 逆变换是单位序列。

3）输入为单位序列时的零状态响应

例 4.3 某 LTI 系统的时域框图如图 4-7(a) 所示，已知输入 $f(t)=\varepsilon(t)$，求冲激响应 $h(t)$ 和零状态响应 $y_{zs}(t)$。

解 考虑到零状态响应，可画出该系统的 s 域框图，如图 4-7(b) 所示。

设图 4-7(b) 中右端积分器的输出信号为 $X(s)$，则其输入为 $sX(s)$，它也是左端积分器的输出，因而左端积分器的输入为 $s^2X(s)$。由左端加法器的输出可列出象函数的方程为

$$s^2X(s)=-3sX(s)-2X(s)+F(s)$$

即

$$(s^2+3s+2)X(s)=F(s)$$

由右端加法器的输出端可列方程为

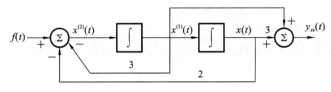

（a）时域框图

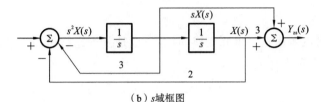

（b）s域框图

图 4-7 例 4.3 的系统框图

$$Y_{zs}(s)=sX(s)+3X(s)=(s+3)X(s)$$

从以上二式消去中间变量 $X(s)$，得

$$Y_{zs}(s)=\frac{s+3}{s^2+3s+2}F(s)=H(s)F(s)$$

式中系统函数为

$$H(s)=\frac{s+3}{s^2+3s+2}=\frac{2}{s+1}-\frac{1}{s+2}$$

故系统的冲激响应为

$$h(t)=(2\mathrm{e}^{-t}-\mathrm{e}^{-2t})\varepsilon(t)$$

$$Y_{zs}(s)=H(s)F(s)=\frac{s+3}{s^2+3s+2}\cdot\frac{1}{s}=\frac{1.5}{s}-\frac{2}{s+1}+\frac{0.5}{s+2}$$

故输入 $f(t)=\varepsilon(t)$ 时的零状态响应为

$$y_{zs}(t)=\left(\frac{3}{2}-2\mathrm{e}^{-t}+\frac{1}{2}\mathrm{e}^{-2t}\right)\varepsilon(t)$$

说明 必须熟练掌握微分方程、系统函数与系统框图或系统流图之间的互换，做到既能根据公式画图，也能根据图形写出公式。

4）重要公式

（1）$Y(s)=Y_{zi}(s)+Y_{zs}(s)=\dfrac{M(s)}{A(s)}+\dfrac{B(s)}{A(s)}F(s)$

（2）$H(s)=\dfrac{Y_{zs}(s)}{F(s)}=\dfrac{B(s)}{A(s)}$

（3）$Y(z)=Y_{zi}(z)+Y_{zs}(z)=\dfrac{M(z)}{A(z)}+\dfrac{B(z)}{A(z)}F(z)$

（4）$H(z)=\dfrac{Y_{zs}(z)}{F(z)}=\dfrac{B(z)}{A(z)}$

4.4 实验指导

4.4.1 实验目的

（1）深刻理解和掌握拉氏变换的运算方法及其性质，并能运用拉氏变换法求解微分方程。

（2）掌握 s 域电路等效模型。

（3）理解系统函数 $H(s)$ 以及 $H(z)$ 的意义，并能根据系统函数定义画出单位序列、零、极点分布以及其频谱图。

4.4.2 实验原理与说明

1）拉氏变换

拉氏变换可以看作是傅里叶变换的扩展，也是分析连续时间信号的有效手段。信号 $f(t)$ 的拉氏变换的定义为

$$F(s) = \int_{-\infty}^{+\infty} f(t) e^{-st} \, dt$$

其中：$s = \sigma + j\omega$，若以 σ 为横坐标，$j\omega$ 为纵坐标，复变量 s 就构成了一个复平面，称为 s 平面。

MATLAB 提供计算函数正、逆拉氏变换的函数，即 laplace() 和 ilaplace()，其调用形式为

```
F=laplace(f)
f=ilaplace(F)
```

上两式右端的 f 和 F 为时间函数和拉氏变换的数学表达式。与傅里叶变换的函数 fourier() 一样，在调用函数 laplace() 之前，通常还需要使用函数 sym() 或者 syms 定义符号变量，如 $S = \text{sym(str)}$ 或 syms $x\ y\ t$ 等，其中 str 是字符串。

2）系统函数与频率响应函数

系统零状态响应的象函数 $Y_f(s)$ 与激励的象函数 $F(s)$ 之比称为系统函数，即

$$H(s) = \frac{Y_f(s)}{F(s)} = \frac{B(s)}{A(s)}$$

系统函数只与描述系统的微分方程系数有关，即只与系统的结构、元件参数有关，而与外界因素无关。系统函数为复频域中的函数，因此也存在着相频特性和幅频特性。而在系统分析时，经常采用的是系统的频率响应 $H(j\omega)$。系统函数与频率响应之间存在一定的关系。对于连续系统，如果其系统函数的极点均在左半平面，那么它在虚轴上也收敛，从而得到系统的频率响应函数为

$$H(j\omega) = H(s)\big|_{s=j\omega}$$

如果已经知道系统的零、极点分布，则可以通过几何矢量法求出系统的频率响应函数，画出系统的幅频特性曲线和相频特性曲线。

如果要用 MATLAB 来求解系统的频率响应特性曲线，那么也可以用 impulse() 函数求出系统的冲激响应，然后再利用 freqs() 函数直接计算系统的频率响应。它们的调用形式分别为 sys=tf(b,a)、y=impulse(sys,t)。其中，tf 函数中的 b 和 a 参数分别为 LTI 系统微分方程右端和左端的各项系数向量，分别对应着系统函数的分子和分母多项式的系数；impulse() 函数直接求解系统冲激响应。freqs() 函数直接计算系统的频率响应，其调用形式为 H=freqs(b,a,w)。其中 b 为频率响应函数相应的系数向量；a 为分母多项式系数向量，它们也分别对应着系统函数相应的系数向量；w 为需要计算的频率抽样点向量。值得注意的是，采用这种方法的前提条件是系统函数的极点全部在复平面的左半开平面，因此必须先对系统函数的零、极点进行分析和判断，只有

满足条件才可以如此求解。

3）系统函数的零、极点与系统的稳定性

系统函数 $H(s)$ 通常是一个有理式，其分子和分母均为多项式。分母多项式的根对应其极点，而分子多项式的根对应其零点。若连续系统的系统函数的零、极点已知，系统函数便可确定下来，即系统函数的零、极点分布完全决定了系统的特性。

根据系统函数的零、极点分布来分析连续系统的稳定性是零、极点分析的重要应用之一。在复频域中，连续系统的充要条件是系统函数的所有极点均位于复平面的左半平面内。因此，只要考察系统函数的极点分布，就可以判断系统的稳定性。

在 MATLAB 中，求解系统函数的零、极点实际上是求解多项式的根，可调用 roots() 函数来求出系统函数的零、极点，其一般调用格式为 p=roots(a)，其中，a 为多项式的系数向量。

如果要进一步画出 $H(s)$ 的零、极点分布图，则可以用函数 pzmap() 实现，其一般调用格式为 pzmap(sys)，其中，sys 是系统的模型，可借助 tf() 函数获得，其调用格式为 sys=tf(b,a)，b、a 分别为 $H(s)$ 分子、分母多项式系数向量。

4）离散信号的 z 变换

如有序列 $f(k)(k=0,\pm1,\pm2,\cdots)$，$z$ 为复变量，则函数

$$F(z) = \sum_{k=-\infty}^{+\infty} f(k)z^{-k}$$

称为序列 $f(k)$ 的双边 z 变换。如果上式的求和只在 k 的非负值域进行，则称为序列的单边 z 变换。

MATLAB 的符号数学工具箱提供了计算 z 正变换的函数 ztrans() 和计算 z 逆变换的函数 iztrans()，其调用形式 F=ztrans(f) 或 f=iztrans(F)。

上面两式中，右端的 f 和 F 分别为时域表示式和 z 域表示式的符号表示，可利用函数 sym() 来实现，其调用形式为

```
S= sym(A)
```

式中：A 为待分析的表达式字符串，S 为符号化的数字或变量。

5）系统函数

线性时不变离散系统可用其 z 域的系统函数 $H(z)$ 表示，其通常具有如下有理分式：

$$H(z) = \frac{b_0+b_1z^{-1}+b_2z^{-2}+\cdots+b_mz^{-m}}{a_0+a_1z^{-1}+a_2z^{-2}+\cdots+a_nz^{-n}} = \frac{B(z)}{A(z)}$$

为了能够从系统函数的 z 域表示方便地得到其时域表示式，可将 $H(z)$ 展开为部分分式和的形式，再对其求 z 逆变换。MATLAB 的信号处理工具箱提供了对 $H(z)$ 进行部分分式展开的函数 residuez()，其调用形式如下：

```
[r,p,k]=residuez(B,A)
```

式中：B 和 A 分别是 $H(z)$ 的分子多项式和分母多项式的系数向量，r 为部分分式的分子常系数向量，p 为极点向量，k 为多项式直接形式的系数向量。由此可借助 residuez() 函数将上述有理函数 $H(z)$ 分解为

$$\frac{B(z)}{A(z)} = \frac{r(1)}{1-p(1)z^{-1}}+\cdots+\frac{r(n)}{1-p(n)z^{-1}}+k(1)+k(2)z^{-1}+\cdots+k(m-n+1)z^{-(m-n)}$$

进一步通过上面介绍求 z 逆变换的方法求出系统的单位序列响应。

6) 系统函数零、极点分布与系统时域特性关系

与 s 域类似，通过系统函数的表达式，可以方便地求出系统函数的零点和极点。系统函数的零点和极点的位置对于系统的时域特性和频域特性有重要影响。位于 z 平面的单位圆上和单位圆外的极点将使得系统不稳定。系统函数的零点将使得系统的幅频响应在该频率点附近出现极小值，而其对应的极点将使得系统的幅频响应在该频率点附近出现极大值。

在 MATLAB 中可以借助函数 tf2zp( ) 直接得到系统函数的零点和极点值，并通过函数 zplane( ) 来显示其零点和极点的分布。利用 MATLAB 中的 impz( ) 函数和 freqz( ) 函数可以求得系统的单位序列响应和频率响应。设系统函数 $H(z)$ 的有理分式形式为

$$H(z) = \frac{b(1)z^m + b(2)z^{m-1} + \cdots + b(m+1)}{a(1)z^n + a(2)z^{n-1} + \cdots + a(n+1)}$$

tf2zp( ) 函数的调用形式为

```
[z,p,k]=tf2zp(b,a)
```

式中：b 和 a 分别表示 $H(z)$ 中的分子多项式和分母多项式的系数向量，该函数的作用是将 $H(z)$ 转换为用零、极点和增益常数组成的表示式，即

```
H(z)= k (z-z(1))(z-z(2))···(z-z(m))
         ────────────────────────────
         (z-p(1))(z-p(2))···(z-p(n))
```

zplane( ) 函数的调用形式为

```
zplane(B,A)
```

式中：B 和 A 分别表示 $H(z)$ 中的分子多项式和分母多项式的系数向量，该函数的作用是在 z 平面画出单位圆以及系统的零点和极点。

freqz( ) 函数的调用形式为

```
[H,w]=freqz(B,A)
```

式中：B 和 A 分别表示 $H(z)$ 中的分子多项式和分母多项式的系数向量，H 表示频率响应向量，w 为频率向量。

4.4.3 实例介绍

实例一 根据上面的介绍给定系统函数为 $H(s) = \dfrac{1}{s^3 + 2s^2 + 2s + 1}$，利用 MATLAB 画出该系统的零、极点分布图，分析系统的稳定性，并求出该系统的单位冲激响应和幅频响应。

解 利用 MATLAB 求解过程如下。

```
clc,clear;
num=[1]; den=[1 2 2 1];
sys=tf(num,den);
poles=roots(den);              % 求极点
figure(1); pzmap(sys);         % 画零、极点图
t=0:0.02:10;
```

```
h=impulse(num,den,t);                    % 求单位冲激响应
figure(2); plot(t,h); xlabel('t/s'); ylabel('h(t)');
title('Impulse response');               % 画单位冲激响应的波形图
[H,w]=freqs(num,den);                    % 求频率响应
figure(3); plot(w,abs(H));               % 画幅频响应图
xlabel('\omega/(rad/s)'); ylabel('|H(j\omega)|');
title('Magenitude response');
```

程序运行结果：

Poles $=-1.0000$ 　$-0.5000+0.8660i$ 　$-0.5000-0.8660i$

系统的零、极点分布如图 4-8 所示，系统的单位冲激响应如图 4-9 所示，系统的幅频响应如图 4-10 所示。

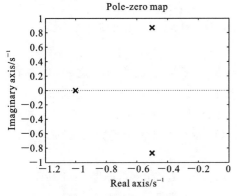

图 4-8　零、极点分布图

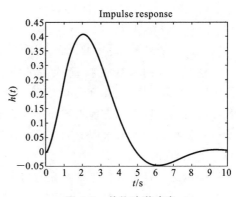

图 4-9　单位冲激响应

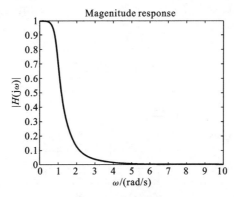

图 4-10　幅频响应

由以上的做法，可以顺势推导出对离散系统的求解思路。

实例二　若系统的微分方程为 $y''(t)+3y'(t)+2y(t)=x(t)$，又已知激励信号 $x(t)=4e^{-2t}u(t)$，起始条件为 $y(0_-)=3$，$y'(0_-)=4$，求系统的零输入响应 $y_{zi}(t)$、零状态响应 $y_{zs}(t)$ 以及完全响应 $y(t)$。

解　对系统的微分方程两边进行拉氏变换，并利用起始条件得

$$s^2Y(s)-sy(0_-)-y'(0_-)+3[sY(s)-y(0_-)]+2Y(s)=X(s)$$

其中：$X(s)$ 为激励信号 $x(t)$ 的拉氏变换，代入起始条件，整理上式，得

$$Y(s)=\frac{3s+13}{s^2+3s+2}+\frac{X(s)}{s^2+3s+2}$$

其中,上式第一项为零输入响应 $y_{zi}(t)$ 的拉氏变换,第二项为零状态响应 $y_{zs}(t)$ 的拉氏变换。可以利用 MATLAB 求其时域解。

```
clear,clc;
syms t s;
Yzis=(3*s+13)/(s^2+3*s+2);
yzi=ilaplace(Yzis);
            %%求得 yzi=10*exp(-t)-7*exp(-2*t)
xt=4*exp(-2*t)*heaviside(t);
Xs=laplace(xt);
Yzss=Xs/(s^2+3*s+2);
yzs=ilaplace(Yzss);
            %%求得 yzs=4*exp(-t)-4*exp(-2*t)-4*t*exp(-2*t)
yt= simplify(yzi+ yzs);  %%simplify()函数可对表达式进行化简
yt=-exp(-2*t)*(4*t-14*exp(t)+11);
```

说明 利用拉氏变换简化微分方程的求解是本章最重要的内容之一,但是在 MATLAB 软件里面,由于可以使用 dsolve( )函数在时域直接求解微分方程,因此用拉氏变换后再进行微分方程求解还不如直接求解方便。但是这种通过变换域将复杂的微分方程转换到变换域求解的方法必须认真掌握,具体编程方法需要经过反复训练才能做到运用自如。

实例三 日光灯在正常发光时启辉器断开,日光灯等效为电阻,如图 4-11 所示,在日光灯电路两端并联电容,可以提高功率因数。已知日光灯等效电阻 $R=250\ \Omega$,镇流器线圈电阻 $r=10\ \Omega$,镇流器电感 $L=1.5\ H,C=5\ \mu F$。作出电路等效模型,画出相量图及相应的电压电流波形。

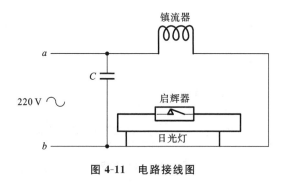

图 4-11 电路接线图

解 (1)电路等效模型图如图 4-12 所示。

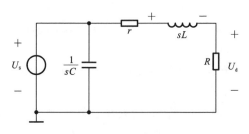

图 4-12 电路等效模型

（2）MATLAB 编程作相量图和波形，如图 4-13 所示。

```
clc, clear;
Us=220; Uz=170.63+89.491j; Ud=49.37-89.491j;
Ic=0.3456j; IL=0.1975-0.3579j; Is=0.1975-0.0123j;
subplot(2,2,1);
compass([Us,Uz,Ud]);          %%用 compass()函数绘制一个由原点出发的箭头矢量。
                               若令 compass(x,y)，则描绘一个指向(x,y)的箭头；
                               若令 compass([a1,a2,…])，则可描绘多个箭头。
subplot(2,2,2);
compass([Ic,IL,Is]);
t=0:1e-3:0.1; w=2*pi*50; us=220*sin(w*t);
uz=abs(Uz)*sin(w*t+angle(Uz));
ud=abs(Ud)*sin(w*t+angle(Ud));
ic=abs(Ic)*sin(w*t+angle(Ic));
iL=abs(IL)*sin(w*t+angle(IL));
is=abs(Is)*sin(w*t+angle(Is));
subplot(2,2,3); plot(t,us,t,uz,t,ud);
subplot(2,2,4); plot(t,is,t,ic,t,iL);
```

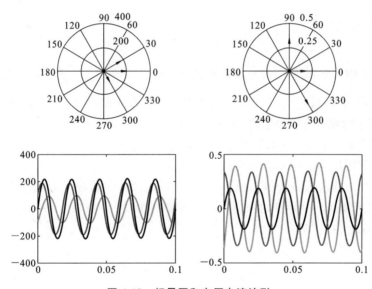

图 4-13 相量图和电压电流波形

4.4.4 实验内容与步骤

（1）已知一个给定的 LTI 离散时间系统：

$$H(z)=\frac{0.0528+0.797z^{-1}+0.1295z^{-2}+0.1295z^{-3}+0.797z^{-4}+0.0528z^{-5}}{1-1.8107z^{-1}+2.4947z^{-2}-1.8801z^{-3}+0.9537z^{-4}-0.2336z^{-5}}$$

要求由键盘实现系统参数输入，并绘出幅频和相频响应曲线图和零、极点分布图，进而分析系统的滤波特性和稳定性。

（2）编写程序，能够接受从键盘输入的系统函数的分子多项式系数向量，绘制常系数线性时不变系统的零、极点分布图，系统的单位冲激响应、幅频响应和相位频率响应的图形。

（3）试利用拉氏变换求解微分方程：$\dfrac{d^2x}{dt^2}-500(1-x^2)\dfrac{dx}{dt}-x=0$，又已知初始条件：$x(0)=2,x'(0)=0$。

4.4.5　实验注意事项

（1）如果说一个系统可以用一个微分方程来表示，那么系统的变换域分析也就相当于对微分方程的变换域分析。因此，掌握如何对微分方程进行域的变换是本章的核心内容之一。

（2）实验过程中要特别留意，不管是拉氏变换还是 z 变换，都存在收敛域的概念。相同的表达式由于收敛域不同很可能对应着完全不同的信号或序列。

（3）利用拉氏变换来求解常微分方程在 MATLAB 中并不能直接通过单一函数实现，但是如果微分方程较为复杂，想直接用 dsolve()函数求解很可能得不到精确的解，因此请同学努力掌握变换求解的方法。

（4）利用拉氏变换求解实际问题是非常重要的手段，如何将一个电路或是一个系统用微分方程来表达，需要多回顾数学建模的基础知识。

4.5　学习思考

（1）已知因果离散系统的系统函数为 $H(z)=\dfrac{z^2-2z+4}{z^2-0.5z+0.25}$。利用 MATLAB 计算系统函数的零、极点，在 z 平面画出其零、极点的分布，并分析系统的稳定性；求出系统的单位序列响应和频率响应，分别画出其波形。

（2）利用 MATLAB 仿真软件进行图像的变换域分析。

（3）试利用拉氏变换来协助求解微分方程组。

（4）实际上能求得解析解的微分方程非常少，大多数情况下只能求得微分方程的数值解。MATLAB 中用于求取微分方程数值解的函数有 ode45( )、ode23( )、ode113( )、ode15s( )等。

5

信号的频谱分析

5.1 引言

第 2、3、4 章已经详细讨论了信号在时域和变换域之间的变换过程、变换原理和变换域信号的特征等重要内容。我们已经知道：连续时间信号的分解既可以从时间域的角度分解为直流分量和交流分量、奇分量和偶分量等，也可以从变换域角度分解为 s 域或 z 域信号。在此基础上，本章引入更为切实的具备实际物理意义的傅里叶变换以及信号频域分析的内容。

以正弦、余弦信号或虚指数函数 $e^{j\omega t}$ 为基本信号，将任意连续时间信号表示为一系列不同频率的正弦、余弦信号或虚指数函数之和或积分的形式。正弦、余弦分量既含有时间信息，也含有频率信息，从正弦、余弦波形中既可以看到时域的变化，也能进行频域的分析。而且，该方法既可以用于分析周期信号，也可用于分析非周期信号；对于连续信号或离散信号同样具有非常高效的分析效果。因此，正是由于傅里叶变换巧妙地采用正弦、余弦波形作为分解的分量，使得数学分析与物理意义完美结合，从实际上揭示了信号的时间特性与频率特性之间的内在联系，有着十分重要的理论意义和应用价值，在通信、电气、信息、机械、力学、光学等领域都有广泛的应用。

根据欧拉公式，正弦、余弦函数都可以表示为两个虚指数函数之和。反过来，虚指数函数也可以表示成正弦、余弦函数的组合。具有一定幅度、相位和频率的虚指数函数 $Ae^{j2\pi ft}$ 作用于线性移不变系统时，其所引起的响应是同频率的虚指数函数，也可以表示为 $Ye^{j2\pi ft} = H(j2\pi f)Ae^{j2\pi ft}$。系统的影响表现为系统的频率响应函数 $H(j2\pi f)$，也可以表示为 $H(j\omega)$，其中信号角频率 $\omega = 2\pi f$ 与时间无关，是一个独立的系统变量，因此称这一分析方式为频率域分析。

5.2 重要知识点

5.2.1 狄利克雷条件的理解

狄利克雷条件是指一个信号 $f(t)$ 存在傅里叶变换的充分不必要条件，包括三方面的内容：

(1) 在一个周期内,连续或只有有限个第一类间断点;

(2) 在一个周期内,极大值和极小值的数目应是有限个;

(3) 在一个周期内,信号是绝对可积的。

然而,特别要留意的是,狄利克雷条件只是一个充分条件,并不是必要条件。这就意味着,即使不满足狄利克雷条件,也有可能能够进行傅里叶变换,举例如下。

(1) 不满足条件(1)的例子,即一个周期内存在无限个第一类间断点的函数。比如分段函数:在一个周期内,后一个阶梯的宽度和高度均为前一个阶梯的一半,可见这个半分的过程可以一直无限循环下去,其不连续的点也就会有无限个,如图 5-1 所示。但是,单个周期内信号的能量显然又是有限的,能够实现傅里叶变换。

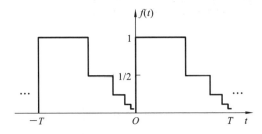

图 5-1 不满足狄利克雷条件(1)的特例

(2) 不满足条件(2)的例子,即一个周期内存在无限个极大值和极小值的函数。比如被非线性压缩了的正弦函数 $f(t) = \sin\left(\dfrac{2\pi}{t}\right)(0 < t \leqslant 1)$。这个函数在一个周期内显然存在无限个极大、极小值。但是同样的,单个周期内的能量却十分有限,同样可以适用于傅里叶变换,如图 5-2 所示。

(3) 不满足条件(3)的例子,即一个周期内信号不是绝对可积的函数。信号 $f(t) = \dfrac{1}{t}(0 < t \leqslant 1)$,作为一个周期为 1 的函数,恰恰就不满足这个条件,但是依然可以进行傅里叶变换,如图 5-3 所示。

注意 这些反例虽然相对比较特殊,但并不是仅仅存在这么几个特例而已,还有很多类似的函数都能够在不满足狄利克雷条件的情况下实现傅里叶变换。

5.2.2 周期信号的频谱

周期信号可以分解成一系列正弦信号和虚指数信号之和,即

$$f(t) = \frac{A_0}{2} + \sum_{n=1}^{\infty} A_n \cos(n\Omega t + \varphi_n)$$

或

$$f(t) = \sum_{n=-\infty}^{\infty} F_n e^{jn\Omega t}$$

其中,$F_n = \dfrac{1}{2} A_n e^{j\varphi_n} = |F_n| e^{j\varphi_n}$。为了直观表示信号所含各分量的振幅,以频率为横坐标,以各谐波的振幅 A_n 或虚值函数的幅度 $|F_n|$ 为纵坐标,可画出如图 5-4(a)、(b)所示的线图,称为幅度频谱,简称为幅度谱。图中每条竖线代表该频率分量的幅度,称为谱线。连接各谱线顶点的曲线(如图中虚线)称为包络线,它反映各分量幅度随频率变化的情况。需要说明的是,图 5-4(b)中,信号分解为各余弦分量,图中每一条谱线表示该

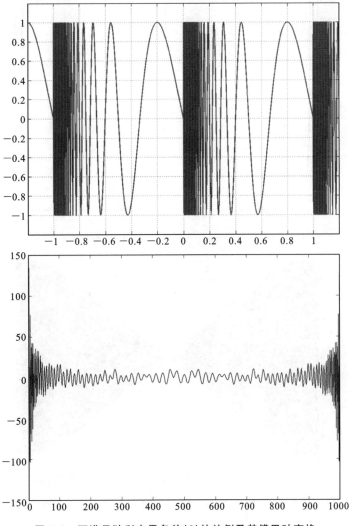

图 5-2 不满足狄利克雷条件(2)的特例及其傅里叶变换

次谐波的振幅(称为单边幅度谱),而图 5-4(b)信号分解为各虚指数函数,图中的每一条谱线表示各分量的幅度 $|F_n|$(称为双边幅度谱,其中 $|F_n| = |F_{-n}| = \dfrac{A_n}{2}$)。

类似地,可以画出各谐波初相角 φ_n 与频率的线图,如图 5-4(c)、(d)所示,称为相位频谱,简称相位谱。如果 $F(n)$ 为实数,那么可用 $F(n)$ 的正负来表示相位为 0 或 π。时常把幅度谱和相位谱画在一张图上,通过图可知,周期信号的谱线只出现在频率为 0、Ω、2Ω 等离散频率上,即周期信号的频谱是离散谱。

周期信号频谱的特点如下。

(1)离散性:频谱谱线是离散的。

(2)收敛性:谐波幅值在总的趋势上随谐波次数的增加而降低。

(3)谐波性:谱线只出现在基频整数倍的频率处。

5.2.3 傅里叶变换(频谱密度函数)

如果周期性脉冲的重复周期够长,使得后一个脉冲到来之前,前一个脉冲的作用实

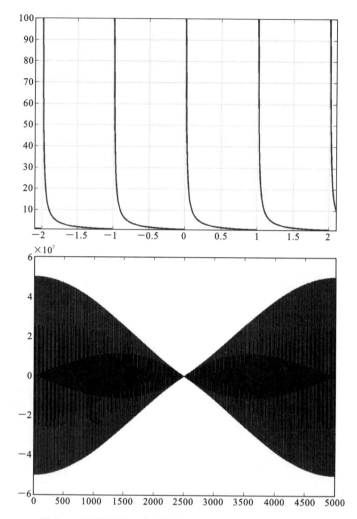

图 5-3 不满足狄利克雷条件(3)的特例及其傅里叶变换

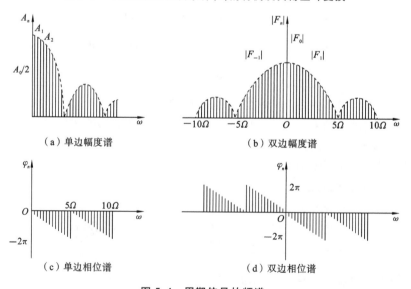

（a）单边幅度谱 　　（b）双边幅度谱

（c）单边相位谱 　　（d）双边相位谱

图 5-4 周期信号的频谱

际上早已消失,这样的信号即可作为非周期信号来处理。

前面已指出,当周期 T 趋近于无限大时,相邻谱线的间隔 Ω 趋近于无穷小,从而信号的频谱密度集成为连续频谱。同时,各频率分量的幅度也都趋近于无穷小,不过,这些无穷小量之间仍保持一定的比例关系。为了描述非周期信号的频谱特性,引入频谱密度的概念。令

$$F(j\omega) = \lim_{T\to\infty} \frac{F_n}{1/T} = \lim_{T\to\infty} F_n T \tag{5-1}$$

称 $F(j\omega)$ 为频谱密度函数,关于它的含义,稍后再予以说明。

由式子

$$f(t) = \frac{1}{2}\sum_{n=-\infty}^{\infty} F_n e^{jn\Omega t} \tag{5-2}$$

和

$$F_n = \frac{1}{T}\int_{-T/2}^{T/2} f(t) e^{-jn\Omega t}\, dt, \quad n = 0, \pm 1, \pm 2, \cdots \tag{5-3}$$

可得

$$F_n T = \int_{-T/2}^{T/2} f(t) e^{-jn\Omega t}\, dt \tag{5-4}$$

$$f(t) = \sum_{n=-\infty}^{\infty} F_n T e^{jn\Omega t} \cdot \frac{1}{T} \tag{5-5}$$

考虑到当周期 T 趋近于无限大时,Ω 趋近于无穷小,取其为 $d\omega$,而 $\dfrac{1}{T} = \dfrac{\Omega}{2\pi}$ 将趋近于 $\dfrac{d\omega}{2\pi}$,$n\Omega$ 是变量,当 $\Omega \neq 0$ 时,它是离散值,当 Ω 趋近于无穷小时,它就成为连续变量,取为 ω,同时求和符号应改为积分。于是当 $T \to \infty$ 时,式(5-4)和式(5-5)为

$$F(j\omega) = \lim_{T\to\infty} F_n T \Rightarrow \int_{-\infty}^{+\infty} f(t) e^{-j\omega t}\, dt \tag{5-6}$$

$$f(t) \Rightarrow \frac{1}{2\pi}\int_{-\infty}^{+\infty} F(j\omega) e^{j\omega t}\, d\omega \tag{5-7}$$

式(5-6)称为函数 $f(t)$ 的傅里叶变换,式(5-7)称为函数 $F(j\omega)$ 的傅里叶逆变换。$F(j\omega)$ 称为 $f(t)$ 的频谱密度函数或频谱函数,而 $f(t)$ 称为 $F(j\omega)$ 的原函数。式(5-6)和式(5-7)也可用符号简记为

$$f(t) \Leftrightarrow F(j\omega) \tag{5-8}$$

如果上述变换中的自变量不用角频率 ω 而用频率 f,则由 $\omega = 2\pi f$,式(5-6)和式(5-7)可写为

$$F(jf) \Rightarrow \int_{-\infty}^{+\infty} f(t) e^{-j2\pi ft}\, dt \tag{5-9}$$

$$f(t) \Rightarrow \int_{-\infty}^{+\infty} F(j\omega) e^{j2\pi ft}\, df$$

这时傅里叶正变换与逆变换有很多相似形式。频谱密度函数 $F(j\omega)$ 是一个复函数,它可写为

$$F(j\omega) = |F(j\omega)| e^{j\varphi(\omega)} = R(\omega) + jX(\omega) \tag{5-10}$$

式中:$|F(j\omega)|$ 和 $\varphi(\omega)$ 分别是频谱函数 $F(j\omega)$ 的模和相位。$R(\omega)$ 和 $X(\omega)$ 分别是它的实部和虚部,式(5-7)也可以写成三角形式

$$f(t) = \frac{1}{2\pi}\int_{-\infty}^{+\infty} F(j\omega) e^{j\omega t}\, d\omega = \frac{1}{2\pi}\int_{-\infty}^{+\infty} |F(j\omega)| e^{j[\omega t + \varphi(\omega)]}\, d\omega$$

$$= \frac{1}{2\pi} \int_{-\infty}^{+\infty} |F(j\omega)| \cos[\omega t + \varphi(\omega)] d\omega$$

$$+ j \frac{1}{2\pi} \int_{-\infty}^{+\infty} |F(j\omega)| \sin[\omega t + \varphi(\omega)] d\omega \tag{5-11}$$

由于上式第二个积分中的被积函数是 ω 的奇函数,故积分值为 0,而第一个积分中的被积函数是 ω 的偶函数,所以

$$f(t) = \frac{1}{\pi} \int_0^\infty |F(j\omega)| \cos[\omega t + \varphi(\omega)] d\omega \tag{5-12}$$

上式表明,非周期信号可看作由不同频率的余弦分量所组成,它包含了频率从零到无限大的一切频率分量。由式可见,$\dfrac{|F(j\omega)| d\omega}{\pi} = 2|F(j\omega)| df$ 相当于各分量的振幅,它是无穷小量。所以信号的频谱不能再用幅度表示,而改用密度函数来表示。类似于物质的密度是单位体积的质量,函数 $|F(j\omega)|$ 可看作是单位频率的振幅,称函数 $|F(j\omega)|$ 为频谱密度函数。

需要说明,前面在推导傅里叶变换时并未遵循数学上的严格步骤。数学证明指出,函数 $f(t)$ 的傅里叶变换存在的充分条件是在无限区间内 $f(t)$ 绝对可积,即

$$\int_{-\infty}^{+\infty} |f(t)| dt < +\infty$$

但它并非必要条件。当引入广义函数的概念后,许多不满足绝对可积条件的函数也能进行傅里叶变换,给信号与系统分析带来了很大的方便。

5.2.4 能量谱和功率谱

1) 能量谱

信号 $f(t)$ 在 1 Ω 电阻上的瞬时功率为 $|f(t)|^2$,在区间 $-T < t < T$ 的能量为

$$\int_{-T}^{T} |f(t)|^2 dt$$

信号能量定义为在时间区间 $(-\infty, +\infty)$ 上信号的能量,用字母 E 表示,即

$$E = \lim_{T \to +\infty} \int_{-T}^{T} |f(t)|^2 dt \tag{5-13a}$$

如果信号为实数,则可以写为

$$E = \lim_{T \to +\infty} \int_{-T}^{T} f^2(t) dt$$

或者简单地写为

$$E = \int_{-\infty}^{+\infty} f^2(t) dt \tag{5-13b}$$

如果信号能量有限,即 $0 < E < +\infty$,信号称为能量有限信号,简称能量信号,如门函数、三角形脉冲、单边或双边指数衰减信号等。

现在研究信号能量与频谱函数 $F(j\omega)$ 的关系。将式子 $f(t) = \dfrac{1}{2\pi} \int_{-\infty}^{+\infty} F(j\omega) e^{j\omega t} d\omega$ 代入式(5-13b)得

$$E = \int_{-\infty}^{+\infty} f(t)^2 dt = \int_{-\infty}^{+\infty} f(t) \left[\frac{1}{2\pi} \int_{-\infty}^{+\infty} F(j\omega) e^{j\omega t} d\omega \right] dt$$

交换积分次序,$f(-t) \leftrightarrow F(j\omega) = F(-j\omega) = F^*(j\omega)$,可知 $F(-j\omega) = F^*(j\omega)$,所以上

式积分最后可得

$$E = \int_{-\infty}^{+\infty} f(t)^2 \mathrm{d}t = \frac{1}{2\pi} \int_{-\infty}^{+\infty} |F(\mathrm{j}\omega)|^2 \mathrm{d}\omega \tag{5-14}$$

上式称为帕斯瓦尔方程或能量等式。也可以从频域的角度来研究信号能量,为了表征能量在频域中的分布状况,可以借助于密度的概念,定义一个能量密度函数,简称能量频谱或能量谱。能量频谱 $\Theta(\omega)$ 定义为单位频率的信号能量,在频带 $\mathrm{d}f$ 内信号的能量为 $\Theta(\omega)\mathrm{d}f$,因而信号在整个频率区间 $(-\infty, +\infty)$ 的总能量

$$E = \int_{-\infty}^{+\infty} \Theta(\omega) \mathrm{d}f = \frac{1}{2\pi} \int_{-\infty}^{+\infty} \Theta(\omega) \mathrm{d}\omega \tag{5-15}$$

根据能量守恒原理,对于同一信号 $f(t)$,式(5-13b)与式(5-15)应该相等,即

$$E = \int_{-\infty}^{+\infty} f^2(t) \mathrm{d}t = \frac{1}{2\pi} \int_{-\infty}^{+\infty} \Theta(\omega) \mathrm{d}\omega \tag{5-16}$$

比较式(5-14)与式(5-16)可知,能量密度谱

$$\Theta(\omega) = |F(\mathrm{j}\omega)|^2 \tag{5-17}$$

由上式可见,信号的能量谱 $\Theta(\omega)$ 是 ω 的偶函数,它只取决于频谱函数的模量,而与相位无关。能量谱 $\Theta(\omega)$ 是单位频率信号能量,它的单位是 J·s。信号的能量谱与其自身相关函数 $R(\tau)$ 是一对傅里叶变换对。

2) **功率谱**

信号功率定义为在时间区间 $(-\infty, +\infty)$ 上信号 $f(t)$ 的平均功率,用 P 表示,即

$$P \Rightarrow \lim_{T \to +\infty} \frac{1}{2T} \int_{-T}^{T} |f(t)|^2 \mathrm{d}t \tag{5-18}$$

如果 $f(t)$ 是实函数,则平均功率可写为

$$P \Rightarrow \lim_{T \to +\infty} \frac{1}{2T} \int_{-T}^{T} f^2(t) \mathrm{d}t \tag{5-19}$$

如果信号功率有限,即 $0 < P < +\infty$,则称信号为功率有限信号或功率信号,如阶跃信号、周期信号等。需要指出,由信号能量和功率的定义可知,若信号能量有限,则 $P = 0$;若信号功率 P 有限,则 $E \to +\infty$。

功率有限信号的能量趋于无穷大,即 $\int_{-\infty}^{+\infty} f^2(t) \mathrm{d}t \to +\infty$。为此从 $f(t)$ 中截取 $|t| \leqslant \frac{T}{2}$ 的一段,得到一个截尾函数 $f_T(t)$,它可以表示为

$$f_T(t) = f(t)\left[\varepsilon\left(t + \frac{T}{2}\right) - \varepsilon\left(t - \frac{T}{2}\right)\right] \tag{5-20}$$

如果 T 是有限值,则 $f_T(t)$ 的能量也是有限的。令

$$F_T(\mathrm{j}\omega) \Rightarrow f_T(t) \tag{5-21}$$

由式(5-14)可知,$f_T(t)$ 的能量可表示为

$$E_T = \int_{-\infty}^{+\infty} f_T^2(t) \mathrm{d}t = \frac{1}{2\pi} \int_{-\infty}^{+\infty} |F_T(\mathrm{j}\omega)|^2 \mathrm{d}\omega \tag{5-22}$$

由于 $\int_{-\infty}^{+\infty} f_T^2(t) \mathrm{d}t = \int_{-T/2}^{T/2} f^2(t) \mathrm{d}t$,由式(5-19)和式(5-22)得 $f(t)$ 的平均功率

$$P = \lim_{T \to +\infty} \frac{1}{T} \int_{-T/2}^{T/2} f^2(t) \mathrm{d}t = \frac{1}{2\pi} \int_{-\infty}^{+\infty} \lim_{T \to +\infty} \frac{|F_T(\mathrm{j}\omega)|^2}{T} \mathrm{d}\omega \tag{5-23}$$

当 T 增加,$f_T(t)$ 的能量增加时,$|F_T(\mathrm{j}\omega)|^2$ 也增加。当 $T \to +\infty$ 时,$f_T(t) \to f(t)$,

此时 $|F_T(j\omega)|^2/T$ 可能趋于一极限。类似能量密度函数,定义功率谱密度函数 $l(\omega)$ 为单位频率的信号功率,从而信号的平均功率

$$P = \int_{-\infty}^{+\infty} l(\omega)\,\mathrm{d}f = \frac{1}{2\pi}\int_{-\infty}^{+\infty} l(\omega)\,\mathrm{d}\omega \tag{5-24}$$

计算可得

$$l(\omega) = \lim_{T \to +\infty} \frac{|F_T(j\omega)|^2}{T} \tag{5-25}$$

由上式可知,$l(\omega)$ 是 ω 的偶函数,它只取决于频谱函数的模量,而与相位无关。功率谱密度函数反映了信号功率在频域中的分布情况,显然,$l(\omega)$ 曲线所覆盖的面积在数值上等于信号的总功率,$l(\omega)$ 的单位是 W·s。

5.2.5　信号的傅里叶变换及频谱分析

前面讨论了非周期信号的傅里叶变换,本节讨论周期信号的傅里叶变换以及频谱分析。考虑一个周期为 T 的周期函数 $f_T(t)$ 可展开成指数形式的傅里叶级数

$$f_T(t) = \sum_{n=-\infty}^{\infty} F_n \mathrm{e}^{jn\Omega t} \tag{5-26}$$

式中:$\Omega = \dfrac{2\pi}{T}$ 是基波角频率,F_n 是傅里叶系数,有

$$F_n = \frac{1}{T}\int_{-T/2}^{T/2} f(t)\,\mathrm{e}^{-jn\Omega t}\,\mathrm{d}t \tag{5-27}$$

对式(5-26)的等号两端取傅里叶变换,应用傅里叶变换的线性性质,并考虑到 F_n 不是时间 t 的函数,可得

$$\mathscr{F}(f_T(t)) \Rightarrow \mathscr{F}\Big[\sum_{n=-\infty}^{\infty} F_n \mathrm{e}^{jn\Omega t}\Big] = \sum_{n=-\infty}^{\infty} F_n \mathscr{F}\big[\mathrm{e}^{jn\Omega t}\big] = 2\pi \sum_{n=-\infty}^{\infty} F_n \delta(\omega - n\Omega) \tag{5-28}$$

上式表明,周期信号的傅里叶变换(频谱密度)由无穷多个冲激函数组成,这些冲激函数位于信号的各谐波角频率 $n\Omega(n=0,\pm 1,\pm 2,\cdots)$ 处,其强度为各相应幅度 F_n 的 2π 倍。

5.2.6　取样定理

取样定理论述了在一定条件下,一个连续时间信号完全可以用该信号在等时间间隔上的瞬时值表示。同时,利用这些被取样的样本值还可以恢复原信号。所谓"取样"就是利用取样脉冲序列 $s(t)$ 从连续时间信号 $f(t)$ 中"抽取"一系列离散样本值的过程,这样得到的离散信号称为取样信号。如图 5-5 所示的取样信号 $f_s(t)$ 可写为

$$f_s(t) = f(t)s(t) \tag{5-29}$$

式中:取样脉冲序列 $s(t)$ 也称为开关函数。如果其各脉冲间隔的时间相同,均为 T_s,就称为均匀取样。T_s 称为取样周期,$f_s = \dfrac{1}{T_s}$ 称为取样频率或取样率,$\omega_s = 2\pi f_s = \dfrac{2\pi}{T_s}$ 称为取样角频率。如果 $f(t) \leftrightarrow F(j\omega)$,$s(t) \leftrightarrow S(j\omega)$,则由频域卷积定理,得取样信号 $f_s(t)$ 的频谱函数为

$$F_s(j\omega) = \frac{1}{2\pi}F(j\omega) * S(j\omega) \tag{5-30}$$

1)时域取样定理

一个频谱在区间 $(-\omega_m,\omega)$ 以外为零的频带有限信号 $f(t)$,可唯一地由其在均匀间

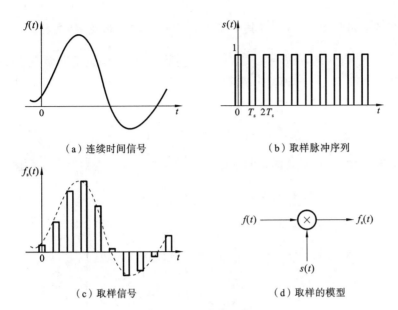

（a）连续时间信号　　　　　　　　　（b）取样脉冲序列

（c）取样信号　　　　　　　　　　（d）取样的模型

图 5-5　信号取样流程

隔 $T_s\left(T_s<\dfrac{1}{2f_m}\right)$ 上的样点值 $f(nT_s)$ 确定。

需要注意的是，为了能从取样信号 $f_s(t)$ 中恢复原信号 $f(t)$，需满足两个条件：① $f(t)$ 必须是带限信号，其频谱函数 $|\omega|>\omega_m$ 各处为零；②取样频率不能过低，必须满足 $f_s>2f_m$（即 $\omega_s>\omega_m$），或者说取样间隔不能太长，必须满足 $T_s<\dfrac{1}{2f_m}$，否则将会发生混叠。其实这两个条件有相互支撑的作用，不限带的信号意味着频谱宽度无限宽，那么也就不可能找到比无限宽还高出两倍的取样频率来实现无失真取样。通常把最低允许取样频率 $f_s>2f_m$ 称为奈奎斯特频率，把最大允许取样间隔 $T_s=\dfrac{1}{2f_m}$ 称为奈奎斯特间隔。

2）频域取样定理

一个在时域区间 $(-t_m,t_m)$ 以外为零的有限时间信号 $f(t)$ 的频谱函数 $F(j\omega)$，可由其在均匀频率间隔 $f_s\left(f_s<\dfrac{1}{2t_m}\right)$ 上的样点值 $F(jn\omega_s)$ 唯一确定，有

$$F(j\omega)=\sum_{n=-\infty}^{\infty}F\left(j\,\dfrac{n\pi}{t_m}\right)Sa(\omega t_m-n\pi) \tag{5-31}$$

式中：$t_m=\dfrac{1}{2f_s}$。

5.2.7　序列的傅里叶分析

1）离散傅里叶级数（discrete Fourier series，DFS）

具有周期性的离散信号可表示为 $f_N(k)$，其下标 N 表示其周期为 N，那么，存在

$$f_N(k)=f_N(k+lN),\quad l\ \text{为任意整数}$$

对于连续时间信号，周期信号 $f_T(t)$ 可分解为一系列角频率为 $n\Omega(n=0,\pm1,\pm2,\cdots)$ 的虚指数 $e^{jn\Omega t}$（其中 $\Omega=\dfrac{2\pi}{T}$ 为基波角频率）之和。类似地，周期为 N 的序列 $f_N(k)$ 也

可展开为许多虚指数 $e^{jn\Omega k} = e^{jn\frac{2\pi}{N}k}$（其中 $\Omega = \frac{2\pi}{N}$ 为基波数字角频率）之和。需要注意的是，这些虚指数序列满足 $e^{jn\frac{2\pi}{N}k} = e^{j(n+lN)\frac{2\pi}{N}k}$（$l$ 为整数）。即它们也是周期为 N 的周期序列，因此，周期序列 $f_N(k)$ 的傅里叶级数展开式仅为有限项（N 项），若取其第一周期 $n=0,1,2,\cdots,N-1$，则 $f_N(k)$ 的展开式可写为

$$f_N(k) = \sum_{n=0}^{N-1} C_n e^{jn\Omega k} = \sum_{n=0}^{N-1} C_n e^{jn\frac{2\pi}{N}k} \tag{5-32}$$

式中：C_n 为待定系数。将上式两端同乘以 $e^{jm\Omega k}$ 并在一个周期内对 k 求和，有

$$\sum_{k=0}^{N-1} f_N(k) e^{-jm\Omega k} = \sum_{n=0}^{N-1} C_n \left[\sum_{k=0}^{N-1} e^{j(n-m)\Omega k} \right]$$

上式右端对 k 求和时，仅当 $n=m$ 时为非零且等于 N，故上式可以写为

$$\sum_{k=0}^{N-1} f_N(k) e^{-jm\Omega k} = C_m N$$

$$C_m = \frac{1}{N} \sum_{k=0}^{N-1} f_N(k) e^{-jm\Omega k}$$

$$C_n = \frac{1}{N} F_n(n)$$

其中
$$F_n(n) = \sum_{k=0}^{N-1} f_N(k) e^{-jn\Omega k} \tag{5-33}$$

称为离散傅里叶系数，将 C_n 代入式（5-33），得

$$f_N(k) = \frac{1}{N} \sum_{n=0}^{N-1} F_n(n) e^{jn\Omega k} \tag{5-34}$$

式中：$\Omega = \frac{2\pi}{N}$。式（5-34）称为周期序列的离散傅里叶级数。为书写方便，令

$$W = e^{-j\Omega} = e^{-j\frac{2\pi}{N}} \tag{5-35}$$

并用 DFS［·］表示求离散傅里叶系数，以 IDFS［·］表示求离散傅里叶级数展开式，则式（5-33）、式（5-34）可写为

$$\text{DFS}[f_N(k)] = F_n(n) = \sum_{k=0}^{N-1} f_N(k) W^{nk} \tag{5-36}$$

$$\text{IDFS}[F_n(n)] = f_N(k) = \frac{1}{N} \sum_{n=0}^{N-1} F_n(n) W^{-nk} \tag{5-37}$$

式（5-36）与式（5-37）称为离散傅里叶变换对。

2）离散时间傅里叶变换（discrete time Fourier transform，DTFT）

与连续时间信号类似，周期序列 $f_N(k)$ 在周期 $N \to \infty$ 时，将变为非周期序列 $f(k)$，如图 5-6 所示，同时 $F_n(n)$ 的谱线间隔 $\left(\Omega = \frac{2\pi}{N} \right)$ 趋于无穷小，成为连续谱。

当 $N \to \infty$ 时，$n\Omega = n\frac{2\pi}{N}$ 趋于连续变量 θ，式（5-33）是在一个周期内求和，这时可扩展区间 $(-\infty, \infty)$，我们定义非周期序列 $f(k)$ 的离散时间傅里叶变换为

$$F(e^{j\theta}) = \lim_{N \to \infty} \sum_{k=\langle N \rangle} f_N(k) e^{-jn\frac{2\pi}{N}k}$$

式中：求和符号下的 $k=\langle N \rangle$ 表示在一个周期内求和。当 $N \to +\infty$ 时，$f_N(k) \to f(k)$，

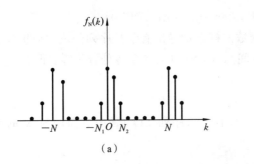 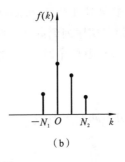

（a） （b）

图 5-6 周期序列与非周期序列

$n\dfrac{2\pi}{N}\to\theta$，于是

$$F(e^{j\theta})=\sum_{k=-\infty}^{\infty}f(k)e^{-jk\theta} \tag{5-38}$$

可见，非周期序列的离散时间傅里叶变换

$$F(e^{j\theta})=\left|F(e^{j\theta})\right|e^{j\varphi(\theta)} \tag{5-39}$$

式中：$\left|F(e^{j\theta})\right|$ 称为幅频特性，$\varphi(\theta)$ 称为相频特性。

周期序列的傅里叶级数展开式（5-34）可写为

$$f_N(k)=\frac{1}{N}\sum_{n=0}^{N-1}F_N(n)e^{jn\frac{2\pi}{N}k}=\frac{1}{2\pi}\sum_{n=0}^{N-1}F_N(n)e^{jn\frac{2\pi}{N}k}\cdot\frac{2\pi}{N}$$

当 $N\to\infty$ 时，$n\dfrac{2\pi}{N}\to\theta$，$\dfrac{2\pi}{N}$ 趋向无穷小，取其为 $d\theta$，$f_N(k)\to f(k)$，$F_N(n)$ 换为 $F(e^{j\theta})$。

由于 n 的取值周期为 N，$n\dfrac{2\pi}{N}$ 的取值周期为 2π。因此，当 $n\to\infty$ 时，上式的求和变为在 2π 区间对 θ 的积分。因此，当 $N\to\infty$ 时，上式变为

$$f(k)=\frac{1}{2\pi}\int_{-\pi}^{\pi}F(e^{j\theta})e^{j\theta k}\,d\theta \tag{5-40}$$

它是非周期序列的离散时间傅里叶逆变换。

$$\text{DTFT}[f(k)]=F(e^{j\theta})=\sum_{k=-\infty}^{\infty}f(k)e^{-j\theta k} \tag{5-41}$$

$$\text{IDTFT}[F(e^{j\theta})]=f(k)=\frac{1}{2\pi}\int_{-\pi}^{\pi}F(e^{j\theta})e^{j\theta k}\,d\theta \tag{5-42}$$

离散时间傅里叶变换存在的充分条件是 $f(k)$ 要满足绝对可和，即

$$\sum_{k=-\infty}^{\infty}\left|f(k)\right|<\infty \tag{5-43}$$

5.2.8 离散傅里叶变换及性质

离散信号分析和处理的主要手段是利用计算机实现，序列 $f(k)$ 的离散时间傅里叶变换 $F(e^{j\theta})$ 是 θ 的连续函数，而其逆变换为积分运算，所以无法直接用计算机实现。要完成这些变换，必须把连续函数改换为离散数据，并且把求和范围从无限宽收缩到一个有限区间。借助离散傅里叶级数的概念，把有限长序列作为周期性离散信号的一个周期来处理，从而定义离散傅里叶变换。如此，在允许一定程度近似的条件下，有限长序列的离散时间傅里叶变换可以用数字计算机实现。

1) 离散傅里叶变换(discrete Fourier transform,DFT)

先借助周期序列离散傅里叶级数的概念推导出有限长序列的离散傅里叶变换。设长度为 N 的有限长序列 $f(k)$ 的区间为 $[0,N-1]$,其余各处皆为零,即

$$f(k)=\begin{cases} f(k), & 0\leqslant k\leqslant N-1 \\ 0, & k \text{ 为其余值} \end{cases} \tag{5-44}$$

为了引用周期序列的有关概念,将有限长序列 $f(k)$ 延拓成周期为 N 的周期序列 $f_N(k)$,即

$$f_N(k)=\sum_{l=-\infty}^{\infty} f(k+lN), \quad l \text{ 取任意整数} \tag{5-45}$$

图 5-7 所示的为 $f(k)$ 与 $f_N(k)$ 的对应关系。

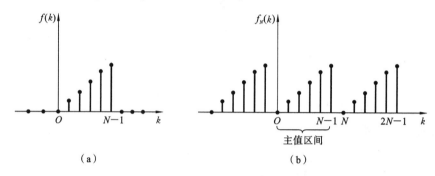

（a）　　　　　　　　　　　　（b）

图 5-7　有限长序列延拓为周期序列

对于周期序列 $f_N(k)$,其第一个周期 $k=0$ 到 $N-1$ 的范围定义为"主值区间",故 $f(k)$ 可以看成 $f_N(k)$ 的主值区间序列。设有限长序列的长度为 N,则 $f(k)$ 离散傅里叶正变换和其逆变换的定义分别为

$$F(n)=\text{DFT}[f(k)]=\sum_{k=0}^{N-1} f(k)e^{-j\frac{2\pi}{N}kn}=\sum_{k=0}^{N-1} f(k)W^{kn}, \quad 0\leqslant n\leqslant N-1 \tag{5-46}$$

$$f(k)=\text{IDFT}[F(n)]=\frac{1}{N}\sum_{n=0}^{N-1} F(n)e^{j\frac{2\pi}{N}kn}=\frac{1}{N}\sum_{n=0}^{N-1} F(n)W^{-kn}, \quad 0\leqslant k\leqslant N-1 \tag{5-47}$$

需要指出,若将 $f(k)$、$F(n)$ 分别理解为 $f_N(k)$、$F_N(n)$ 的主值序列,那么 DFT 变换对与 DFS 变换对的表达式完全相同。实际上,DFS 是按傅里叶分析严格定义的,而有限长序列的离散时间傅里叶变换 $F(e^{j\theta})$ 是连续的,周期为 2π 的频率函数。为了使傅里叶变换可以利用计算机实现,人为地把 $f(k)$ 延拓成周期序列 $f_N(k)$,使 $f(k)$ 成为主值序列,将 $f_N(k)$ 的离散、周期性的频率函数 $F_N(n)$ 的主值序列定义为 $f(k)$ 的离散傅里叶变换 $F(n)$。DFT 并非指对任意离散信号进行傅里叶变换,而是为了利用计算机对有限长序列进行傅里叶变换而规定的一种专门运算方式。

2) 离散傅里叶变换的性质

线性:

$$f_1(k)\leftrightarrow F_1(n)$$

$$f_2(k)\leftrightarrow F_2(n)$$

$$af_1(k)+bf_2(k)\leftrightarrow aF_1(n)+bF_2(n)$$

对称性：

$$f(k) \leftrightarrow F(n)$$

$$\frac{1}{N}F(k) \leftrightarrow f(-n)$$

时移特性：

$$f(k) \leftrightarrow F(n)$$

$$f(k-m)_N G_N(k) \leftrightarrow W^{mn}F(n)$$

$$G_N(k) = \varepsilon(k) - \varepsilon(k-N)$$

频移特性：

$$f(k) \leftrightarrow F(n)$$

$$f(k)W^{-lk} \leftrightarrow F((n-l))_N G_N(N)$$

时域循环卷积：

$$f(k) = f_1(k) * f_2(k) = \sum_{m=-\infty}^{\infty} f_1(m) * f_2(k-m) = \sum_{m=-\infty}^{\infty} f_2(m) * f_1(k-m)$$

频域循环卷积：

$$f_1(k)f_2(k) \leftrightarrow \frac{1}{N}F_1(n) * F_2(n)$$

5.3　主要公式和典型例题解答

1）频谱密度函数

例 5.1　周期性矩形脉冲信号 $p_T(t)$ 如图 5-8(a)所示，其周期为 T，脉冲宽度为 τ，幅度为 1，试求其频谱函数。

解　求得图 5-8(a)所示周期性矩形脉冲的傅里叶系数为

$$F_n = \frac{\tau}{T}\mathrm{Sa}\left(\frac{n\Omega\tau}{2}\right)$$

根据公式可得

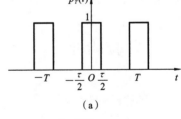

$$\mathscr{F}[p_T(t)] = \frac{2\pi}{T}\sum_{n=-\infty}^{\infty}\left(\frac{n\Omega\tau}{2}\right)\delta(\omega-n\Omega)$$

$$= \sum_{n=-\infty}^{\infty}\frac{2\sin(n\Omega\tau/2)}{n}\delta(\omega-n\Omega)$$

式中：$\Omega = \dfrac{2\pi}{T}$ 是基波角频率。由上式可知，周期性矩形脉冲信号 $p_T(t)$ 的傅里叶变换（频谱密度）由位于 $\omega = 0, \pm\Omega, \pm2\Omega, \cdots$ 处的冲激函数所组成，其在 $\omega = \pm n\Omega$ 处的强度为 $2\sin(n\Omega\tau/2)/n$。图 5-8(b)画出

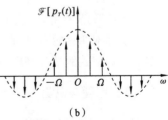

图 5-8　例 5.1 图形

了 $T = 4\tau$ 情况下的频谱图。由图可见，该周期信号的频谱密度是离散的。

2）序列的傅里叶变换

例 5.2　求下列序列的离散时间傅里叶变换。

（1）单位样值序列 $\delta(k)$；

（2）单边指数衰减序列：$f_1(k)=\begin{cases}a^k, & |k|\geqslant 0\\ 0, & |k|<0\end{cases}$，$0<a<1$；

（3）方波序列：$f_2(k)=\begin{cases}1, & |k|\leqslant 2\\ 0, & |k|<2°\end{cases}$

解

（1）$F(e^{j\theta})=\text{DTFT}[\delta(k)]=\sum\limits_{k=-\infty}^{\infty}\delta(k)e^{-j\theta k}=1$

（2）$F_1(e^{j\theta})=\text{DTFT}[f_1(k)]=\sum\limits_{k=0}^{\infty}a^k e^{-j\theta k}=\dfrac{1}{1-ae^{j\theta}}=|F_1(e^{j\theta})|e^{-j\varphi_1(\theta)}$

幅频和相频特性分别为

$$|F_1(e^{j\theta})|=\frac{1}{\sqrt{1+a^2-2a\cos\theta}},\quad \varphi_1(\theta)=-\arctan\left(\frac{a\sin\theta}{1-a\cos\theta}\right)$$

（3）$F_2(e^{j\theta})=\text{DTFT}[f_2(k)]=\sum\limits_{k=-2}^{2}e^{-j\theta k}=\dfrac{\sin(5\theta/2)}{\sin(\theta/2)}$，其中 $F_2(e^{j\theta})$ 是 θ 的实函数。

3）重要公式

（1）FT：$\qquad F(\Omega)=\int_{-\infty}^{+\infty}f(t)e^{-j\Omega t}dt$

（2）FS：$\qquad F_n=\dfrac{1}{T}\int_{-T/2}^{T/2}f_p(t)e^{-j\Omega_0 nt}dt$

（3）DTFT：$\qquad F(e^{j\omega})=\sum\limits_{n=-\infty}^{\infty}f(n)e^{-jn\omega}$

（4）DFS：$\qquad F_p(k)=\sum\limits_{n=0}^{N-1}f_p(n)e^{-j\frac{2\pi}{N}nk}$

5.4 实验指导

5.4.1 实验目的

（1）加深理解采样对信号的时域和频域特性的影响。
（2）加深对采样定理的理解和掌握，理解信号恢复的必要性。
（3）掌握对连续信号在时域的采样与重构的方法。

5.4.2 实验原理与说明

信号抽样是连续时间信号分析向离散时间信号分析、连续信号处理向数字信号处理的第一步，广泛应用于实际的各类系统中。所谓信号抽样，也称取样，前面已做介绍，就是利用抽样脉冲序列 $p(t)$ 从连续信号 $f(t)$ 中抽取一系列的离散样值，通过抽样过程得到的离散样值信号称为抽样信号，用 $f_s(t)$ 表示。从数学上讲，抽样过程就是抽样脉冲 $p(t)$ 和原连续信号 $f(t)$ 相乘的过程，即

$$f_s(t)=f(t)p(t)$$

因此，可以用傅里叶变换的频域卷积性质来求抽样信号 $f_s(t)$ 的频谱。常用的抽样

脉冲序列 $p(t)$ 有周期性矩形脉冲序列和周期性冲激脉冲序列。

假设原连续信号 $f(t)$ 的频谱为 $F(\omega)$，即 $f(t) \leftrightarrow F(\omega)$；抽样脉冲 $p(t)$ 是一个周期信号，它的频谱为

$$p(t) = \sum_{n=-\infty}^{\infty} P_n e^{jn\omega_s t} \leftrightarrow P(\omega) = 2\pi \sum_{n=-\infty}^{\infty} P_n \delta(\omega - n\omega_s)$$

式中：$\omega_s = 2\pi/T_s$ 为抽样角频率，T_s 为抽样间隔，所以抽样信号 $f_s(t)$ 的频谱为

$$F_s(\omega) = \frac{1}{2\pi} F(\omega) P(\omega) = \sum_{n=-\infty}^{\infty} F(\omega) P_n \delta(\omega - n\omega_s) = \sum_{n=-\infty}^{\infty} P_n F(\omega - n\omega_s)$$

该式表明，信号在时域被抽样后，它的频谱是原连续信号的频谱以抽样角频率为间隔周期的延拓，即信号在时域抽样或离散化，相当于频域周期化。在频谱的周期重复过程中，其频谱幅度受抽样脉冲序列的傅里叶系数加权，即被 P_n 加权。假设抽样信号为周期性冲激脉冲序列，则

$$p(t) = \sum_{n=-\infty}^{\infty} \delta(t - nT) \leftrightarrow \omega_s \sum_{n=-\infty}^{\infty} \delta(\omega - n\omega_s)$$

因此，冲激脉冲序列抽样后信号的频谱为

$$F_s(\omega) = \frac{1}{T_s} \sum_{n=-\infty}^{\infty} F(\omega - n\omega_s)$$

可以看出，$F_s(\omega)$ 是以 ω_s 为周期的等幅的重复。若 $f(t)$ 是带限信号，带宽为 ω_m，则信号 $f(t)$ 可以用等间隔的抽样值来唯一表示。$f(t)$ 经抽样后的频谱 $F_s(\omega)$ 就是将 $f(t)$ 的频谱 $F(\omega)$ 在频率轴上以抽样频率 ω_s 为间隔进行周期延拓。因此，当 $\omega_s \geqslant 2\omega_m$ 时，或者抽样间隔 $T_s \leqslant \dfrac{\pi}{\omega_m}\left(T_s = \dfrac{2\pi}{\omega_s}\right)$ 时，周期延拓后频谱 $F_s(\omega)$ 不会产生频率混叠；当 $\omega_s < 2\omega_m$ 时，周期延拓后频谱 $F_s(\omega)$ 将产生频率混叠。通常把满足抽样定理要求的最低抽样频率 $f_s = 2f_m\left(f_s = \dfrac{\omega_s}{2\pi}, f_m = \dfrac{\omega_m}{2\pi}\right)$ 称为奈奎斯特频率，把最大允许的抽样间隔 $T_s = \dfrac{1}{f_s} = \dfrac{1}{2f_m}$ 称为奈奎斯特间隔前面已做类似介绍。

抽样定理表明，当抽样间隔小于奈奎斯特间隔时，可用抽样信号 $f_s(t)$ 唯一地表示原信号 $f(t)$，即信号的重建。为了从频谱中无失真地恢复原信号，可采用截止频率为 $\omega_c \geqslant \omega_m$ 的理想低通滤波器。

5.4.3 实例介绍

实例一 选取门信号 $f(t) = g_2(t)$，为被采样信号。利用 MATLAB 实现对信号 $f(t)$ 的采样，显示原信号与采样信号的时域和频域波形。

思考 因门信号并非严格意义上所讲的有限带宽信号，由于其频率 $f > \dfrac{1}{\tau}$ 的分量所具有的能量占有很少的比重，所以，一般定义 $f_m = \dfrac{1}{\tau}$ 为门信号截止频率。其中，τ 为门信号在时域的宽度。在本例中，选取 $f_m = 0.5$，临界采样频率为 $f_s = 1$，过采样频率为 $f_s > 1$（为了保证精度，可以将其值提高到该值的 50 倍），欠采样频率为 $f_s < 1$。

解 MATLAB 的源程序如下。

```
                                              %%显示原信号及其傅里叶变换示例
      clc,clear;
      R=0.01;                                 % 采样周期
      t=-4:R:4; f=rectpuls(t,2);
      w1=2*pi*10;                             %%显示[-20*pi 20*pi]范围内的频谱
      N=1000; k=0:N; wk=k*w1/N;
      F=f*exp(-j*t'*wk)*R; F=abs(F);
      wk=[-fliplr(wk),wk(2:1001)];
      F=[fliplr(F),F(2:1001)];
      figure;
      subplot(2,1,1);plot(t,f);
      xlabel('t');ylabel('f(t)'); title('f(t)=u(t+1)-u(t-1)');
      subplot(2,1,2);plot(wk,F);
      xlabel('w');ylabel('F(jw)');
      title('f(t)的傅里叶变换');
                                              %%显示采样信号及其傅里叶变换示例
      clc, clear;
      R=0.25;                                 %%可视为采样
      t=-4:R:4; f=rectpuls(t,2); w1=2*pi*10;
      N=1000; k=0:N;   wk=k*w1/N;
      F=f*exp(-j*t'*wk);                      %%利用数值计算采样信号的傅里叶变换
      F=abs(F);
      wk=[-fliplr(wk),wk(2:1001)];            %%将正频率扩展到对称的负频率
      F=[fliplr(F),F(2:1001)];                %%将正频率的频谱扩展到对称的负频率的频谱
      figure;
      subplot(2,1,1)
      stem(t/R,f);                            %%采样信号的离散时间显示
      xlabel('n');ylabel('f(n)'); title('f(n)');
      subplot(2,1,2)
      plot(wk,F);                             %%显示采样信号的连续的幅度谱
      xlabel('w');ylabel('F(jw)'); title('f(n)的傅里叶变换');
                                              %%采样信号的重构及其波形显示示例程序
      clc,clear;
      Ts=0.25;                                %%采样周期,可修改
      t=-4:Ts:4; f=rectpuls(t,2);             %%给定的采样信号
      ws=2*pi/Ts; wc=ws/2; Dt=0.01;
      t1=-4:Dt:4                              %%定义信号重构对应的时刻,可修改
      fa=Ts*wc/pi*(f*sinc(wc/pi*(ones(length(t),1)*t1-t'*ones(1,length
      (t1)))));
                                              %%信号重构
      figure
      plot(t1,fa); xlabel('t1'); ylabel('fa(t)');
      title('f(t)的重构信号'); t=-4:0.01:4; err=fa-rectpuls(t,2);
      figure(2);
      plot(t,err); sum(abs(err).^2)/length(err);   %%计算重构信号的均方误差
```

连续信号的傅里叶变换如图5-9所示,离散信号的傅里叶变换如图5-10所示,重构信号如图5-11所示。

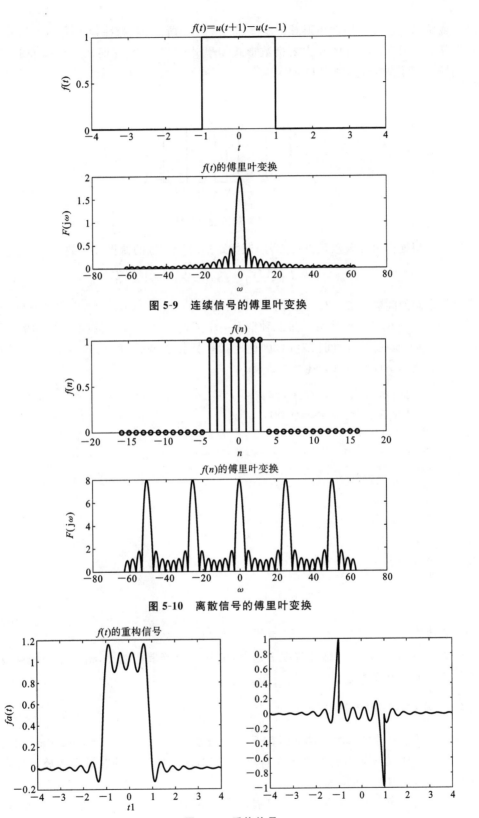

图 5-9 连续信号的傅里叶变换

图 5-10 离散信号的傅里叶变换

图 5-11 重构信号

实例二 已知周期性矩形脉冲 $f(t)$ 如图 5-12 所示,设脉冲幅度为 $A=1$,宽度为 τ,重复周期为 T。将其展开为复指数形式傅里叶级数,研究周期性矩形脉冲的宽度 τ 和周期 T 变化时,对其频谱的影响。

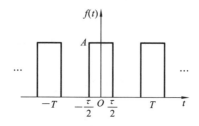

图 5-12   周期性矩形脉冲

解   根据傅里叶级数理论可知,周期性矩形脉冲信号的傅里叶系数为

$$F_n = A\tau \mathrm{Sa}\left(\frac{n2\pi}{T}\frac{\tau}{2}\right) = \tau \mathrm{Sa}\left(\frac{n\pi\tau}{T}\right) = \tau \mathrm{sinc}\left(\frac{n\tau}{T}\right)$$

各谱线之间的间隔为 $\Omega = 2\pi/T$。图 5-13 画出了 $\tau=1$、$T=10$,$\tau=1$、$T=5$ 和 $\tau=2$、$T=10$ 三种情况下的傅里叶系数。第二种情况由于周期 T 不一样,所以谱线之间的间隔也不一样,为了能在同一时间段对比,因此对横坐标作了调整,使它与第一、三种情况一致。其 MATLAB 程序可表述如下。

```
n=-30:30; tao=1; T=10; w1=2* pi/T;
x=n*tao/T; fn=tao*sinc(x);
subplot(311);
stem(n*w1,fn); grid on; title('tao=1,T=10');
tao=1; T=5; w2=2*pi/T;
x=n*tao/T; fn=tao*sinc(x);
m=round(30*w1/w2); n1=-m:m;
fn=fn(30-m+1:30+m+1);
subplot(312);
stem(n1*w2,fn); grid on; title('tao=1,T=5');
tao=2; T=10; w3=2* pi/T;
x=n*tao/T; fn=tao*sinc(x);
subplot(313);
stem(n*w3,fn); grid on; title('tao=2,T=10');
```

从图 5-13 可以看出,脉冲宽度 τ 越大,信号的频谱带宽越小,谱线之间间隔越大,验证了傅里叶级数理论。

5.4.4 实验内容与步骤

将原始信号分别修改为抽样函数 $\mathrm{Sa}(t)$、正弦信号 $\sin(20\pi t)+\cos(40\pi t)$、指数信号 $e^{-2t}u(t)$ 时,在不同采样频率的条件下,观察对应采样信号的时域和频域特性,以及重构信号与误差信号的变化。

周期信号通过傅里叶级数分解可展开成一系列相互正交的正弦信号或复指数信号分量的加权和,在三角形式傅里叶级数中,各分量形式为 $A_n\cos(n\omega_0 t + \varphi_n)$;在指数形式的傅里叶级数中,各分量的形式为 $F_n e^{jn\omega_0 t} = |F_n| e^{j\theta_n} e^{jn\omega_0 t}$。对实信号而言,$F_n e^{jn\omega_0 t}$ 与

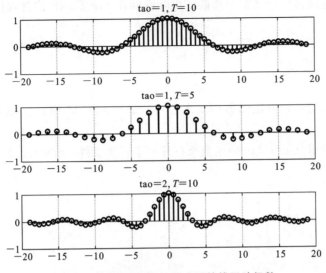

图 5-13　周期性矩形脉冲信号的傅里叶级数

$F_{-n}\mathrm{e}^{-jn\omega_0 t}$ 成对出现。对不同的周期信号,它们各个分量的数目、角频率 $n\omega_0$、幅度 $|F_n|$ 或 A_n、相位 θ_n 或 φ_n 不同。将傅里叶系数的幅度 $|F_n|$ 或 $|A_n|$ 随角频率 $n\omega_0$ 的变化关系绘制成图形,称为信号的幅度频谱,简称幅度谱。将相位 θ_n 或 φ_n 随角频率 $n\omega_0$ 的变化关系绘制成图形,称为信号的相位频谱,简称相位谱。幅度谱和相位谱统称为信号的频谱。信号的频谱是信号的另一种表示,它提供了从另一个角度来观察和分析信号的途径。利用 MATLAB 命令可对周期信号的频谱及其特点进行观察、验证和分析。

(1) 已知周期信号如图 5-14 所示,试求出该信号的傅里叶级数,利用 MATLAB 编程实现其各次谐波的叠加,并验证其收敛性。

(2) 试用 MATLAB 分析图 5-14 中周期三角信号的频谱。当周期信号的周期和三角信号的宽度变化时,试观察分析其频谱的变化。

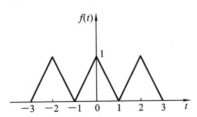

图 5-14　周期性三角信号的波形

5.4.5　实验注意事项

(1) 将信号做时域、频域之间的变换是本章的核心内容之一。利用 MATLAB 软件来实现这一任务十分简单。同学们不能仅仅满足于能够实现时频域变换,应该从根本上深刻理解信号在时频域变换的基本原理。在实验中要特别留意参数的选择会导致不同的变换效果,需要理解傅里叶变换的点数与信号频率之间的关系,信号频率与采样频率之间的关系,混叠效应和截断效应以及栅栏效应的内涵、体现和解决办法。

(2) 熟练掌握时域图形与频域图形对照分析的基本办法。了解幅频特性曲线与相频特性曲线的画法。

（3）了解连续傅里叶变换与离散傅里叶变换在 MATLAB 仿真软件条件下的不同处理办法。

5.5 学习思考

（1）复指数信号如何以图形形式来表现？如果采用 MATLAB 编程实现，应该怎么做？

（2）假如采用 importdata()函数来打开一个音频文件(∗.wav)，会是什么效果？

6

系统的频域分析

6.1 引言

前一章讨论的是对信号的频域分析,本章将研究系统的激励与响应在频域中的关系。对于一个 LTI 系统,可以分别进行时域分析或频域分析,时域分析是在时间域内进行的,能够直观地获得系统响应的波形,这在第 3 章讲解过了;频域分析是在频率域内进行,可作为分析和处理信号的有效工具。了解和掌握系统的频率响应以及系统的频率特性,了解无失真传输系统和理想滤波器,并利用仿真软件分析系统的频率特性是本章的主要内容。

6.2 重要知识点

6.2.1 连续系统的频率响应

$H(j\omega)$ 称为系统的系统函数,也称为系统的频率响应特性,简称系统频率响应或频率特性。一般系统频率响应 $H(j\omega)$ 是 ω 的复函数,可表示为

$$H(j\omega) = |H(j\omega)| e^{j\varphi(\omega)}$$

其中:$|H(j\omega)|$ 称为系统的幅度频率响应特性,简称为幅频响应或者幅频特性,同时 $|H(j\omega)|$ 也表示为系统的滤波特性,即系统对输入信号频率成分的幅度加权;$\varphi(\omega)$ 称为系统的相位频率响应特性,简称为相频响应或相频特性,它表示为系统对输入信号频率成分的相位加权。

6.2.2 无失真传输系统

信号无失真传输指的是系统的输出信号与输入信号相比,只有幅度的大小和出现时间的先后不同,而没有波形上的变化,这里包含了两层含义,一是信号通过传输,它的幅度可能会发现变化,但波形应保持不变;二是输出响应允许有时间延迟。即设输入信号 $f(t)$ 经过无失真传输后,输出信号应为 $y(t) = Kf(t - t_d)$,对其进行傅里叶变换得输入与输出信号频谱之间的关系为 $Y(j\omega) = Ke^{-j\omega t_d}F(j\omega)$。其中 K 为常数,t_d 为滞后时间。线性系统如果发生幅度失真,一般意味着各频率分量幅度产生不同程度的衰减;若出现相位失真,则意味着各频率分量产生的相移不与频率成正比,使响应的各频率分量

在时间轴上的相对位置产生变化。

由输入与输出信号频谱关系式可知,系统的频率响应函数为

$$H(\mathrm{j}\omega)=K\mathrm{e}^{-\mathrm{j}\omega t_\mathrm{d}}$$

其幅频特性和相频特性分别为

$$|H(\mathrm{j}\omega)|=K$$

$$\sigma(\omega)=-\omega t_\mathrm{d}$$

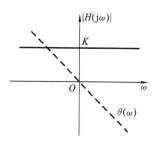

图 6-1 无失真传输系统的
幅频、相频特性

为使信号无失真传输,对频率响应函数提出要求,即在全部频带内,系统的幅频特性 $|H(\mathrm{j}\omega)|$ 应为一常数,而相频特性 $\sigma(\omega)$ 应为通过原点的直线,无失真传输系统的幅频、相频特性如图 6-1 所示。

因此,系统要实现无失真传输,对系统 $h(t)$、$H(\mathrm{j}\omega)$ 的要求如下。

(1) 对 $h(t)$ 的要求:$h(t)=K\delta(t-t_\mathrm{d})$。

(2) 对 $H(\mathrm{j}\omega)$ 的要求:$H(\mathrm{j}\omega)=Y(\mathrm{j}\omega)/F(\mathrm{j}\omega)=K\mathrm{e}^{-\mathrm{j}\omega t_\mathrm{d}}$,即幅频特性 $|H(\mathrm{j}\omega)|=K$,相频特性 $\theta(\mathrm{j}\omega)=-\omega t_\mathrm{d}$。

6.2.3 理想低通滤波器

LTI 系统最重要的应用之一是滤波。理想滤波器具有良好的滤波性能,但却是非因果的,物理不可实现。虽然不可实现,但我们可以将实际滤波器设计得尽量接近理想滤波性能,因此对有关理想滤波器的研究是有意义的。理想低通滤波器对低于截止频率 ω_c 的所有频率分量都给予不失真传输,对于大于截止频率 ω_c 的频率分量完全截止,该滤波器的频率响应可以写成:

$$H(\mathrm{j}\omega)=\begin{cases}\mathrm{e}^{-\mathrm{j}\omega t}, & |\omega|<\omega_\mathrm{c}\\ 0, & |\omega|<\omega_\mathrm{c}\end{cases}$$

其幅频特性和相频特性可以分别写成:

幅频特性

$$|H(\mathrm{j}\omega)|=\begin{cases}1, & |\omega|<\omega_\mathrm{c}\\ 0, & |\omega|<\omega_\mathrm{c}\end{cases}$$

相频特性

$$\theta(\omega)=\begin{cases}-\omega t_\mathrm{d}, & |\omega|<\omega_\mathrm{c}\\ 0, & |\omega|<\omega_\mathrm{c}\end{cases}$$

6.2.4 因果系统的频率响应

$$H(\mathrm{j}\omega)=R(\omega)+\mathrm{j}X(\omega)$$

其中,实部 $R(\omega)$、虚部 $X(\omega)$ 满足希尔伯特变换

$$R(\omega)=X(\omega)*\left(\frac{1}{\pi\omega}\right)$$

$$X(\omega)=R(\omega)*\left(-\frac{1}{\pi\omega}\right)$$

6.2.5 希尔伯特变换器

希尔伯特变换器的单位冲激响应为

$$h(t) = \frac{1}{\pi t}$$

频率响应为

$$H(\mathrm{j}\omega) = -\mathrm{j}\operatorname{sgn}(\omega)$$

希尔伯特变换器是幅频特性为1的全通滤波器,信号通过希尔伯特变换器后,其负频率成分作$+90°$相移,而正频率成分作$-90°$相移。理想的希尔伯特变换器是非因果的,物理上不可以实现。

6.2.6　离散系统的频率响应

对于稳定系统,连续时间系统的频率响应 $H(\mathrm{j}\Omega)$ 是系统函数 $H(s)$ 在 $\mathrm{j}\Omega$ 轴上的取值,即 $H(\mathrm{j}\Omega) = H(s)|_{s=\mathrm{j}\Omega}$。根据 z 平面和 s 平面的映射关系 $H(\mathrm{e}^{\mathrm{j}\omega}) = H(z)|_{z=\mathrm{e}^{\mathrm{j}\omega}}$,可以得到离散时间系统的频率响应,表示为幅度相位形式为

$$H(\mathrm{e}^{\mathrm{j}\omega}) = |H(\mathrm{e}^{\mathrm{j}\omega})| \mathrm{e}^{\mathrm{j}\varphi(\omega)}$$

其中:$|H(\mathrm{e}^{\mathrm{j}\omega})|$ 表示为离散系统的幅度频率响应;$\varphi(\omega)$ 表示为离散系统的相位频率响应。

对于稳定系统,可以采用几何确定法由单位圆($z = \mathrm{e}^{\mathrm{j}\omega}$)到零、极点的矢量长度和相角分别求出系统的幅频特性和相频特性。

$$H(\mathrm{e}^{\mathrm{j}\omega}) = H(z)|_{z=\mathrm{e}^{\mathrm{j}\omega}} = G \frac{\prod\limits_{r}(\mathrm{e}^{\mathrm{j}\omega} - z_r)}{\prod\limits_{k}(\mathrm{e}^{\mathrm{j}\omega} - p_k)}$$

$$|H(\mathrm{e}^{\mathrm{j}\omega})| = \frac{\prod\limits_{r} A_r}{\prod\limits_{k} B_k}$$

$$\varphi(\omega) = \sum_{r}\rho_r - \sum_{k}\theta_k$$

(1)由于 $\mathrm{e}^{\mathrm{j}\omega}$ 沿着单位圆转圈,所以离散系统的频率响应是周期的,周期是 2π。幅频特性以 $\omega = 2k\pi$ 偶对称,相频特性是以 $\omega = 2k\pi$ 奇对称。

(2)当 $\mathrm{e}^{\mathrm{j}\omega}$ 进入第三象限和第四象限时,幅频特性将反向重复第二象限和第一象限的过程,即 $\omega = \pi \rightarrow 2\pi$ 将反向重复 $\omega = 0 \rightarrow \pi$ 的过程,所以 $\omega = \pi$ 是折叠频率。幅频特性以 $\omega = (2k+1)\pi$ 偶对称,相频特性是以 $\omega = (2k+1)\pi$ 奇对称。

(3)z 平面原点处的零、极点不影响系统的幅频特性。

(4)极点影响幅频特性的峰值。极点越靠近单位圆,峰值越尖锐。

(5)零点影响幅频特性的谷值。零点越靠近单位圆,谷值越深。若零点在单位圆上,则该点对应的幅频特性为零。

6.2.7　离散全通系统

如果一个有限阶的离散因果稳定系统,对于所有的 ω 满足

$$H(\mathrm{e}^{\mathrm{j}\omega}) = K, \quad 0 \leqslant \omega \leqslant 2\pi$$

那么称该离散系统为离散全通系统。全通系统的幅频特性是一个常数,相频特性曲线在 $0 \leqslant \omega \leqslant \pi$ 内总是负的,并且在 $0 \leqslant \omega \leqslant \pi$ 范围内随着 ω 的增大单调下降。

对于因果稳定的全通系统,极点全部位于单位圆内,零点全部位于单位圆外,而且零、极点相对单位圆呈共轭反演关系。全通因子为

$$A_k(z) = \frac{z^{-1} - a_k^*}{1 - a_k z^{-1}}$$

对于 N 阶的全通系统,系统函数为

$$H(z) = K\frac{z^{-N} + a_1 z^{-(N-1)} + a_2 z^{-(N-2)} + \cdots + a_N}{1 + a_1 z^{-1} + a_2 z^{-2} + \cdots + a_{N-1} z^{-(N-1)} + a_N z^{-N}}$$

6.2.8 离散最小相位系统

连续时间最小相位系统的零点全部位于左半平面,考虑 s 的左半平面映射到 z 平面的单位圆内,因此离散时间最小相位系统的零点全部位于单位圆,系统具有最小的相位特性。任意非最小相位系统可以表示成最小相位系统与全通系统的级联。由于全通系统具有负的相频特性,也就是具有正的群延时,故具有相同幅频特性的系统,若其为最小相位系统则具有最小的群延时。最小相位系统也称为最小相移系统。另外,最小相位系统还具有最小的能量延迟。

6.3 主要公式和典型例题解答

1)连续系统的频率响应

例 6.1 根据系统结构求系统的频率响应,结构如图 6-2 所示。

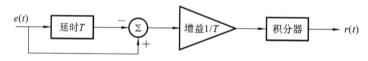

图 6-2 系统结构图

解 根据系统结构,写出频率响应表达式

$$H(\mathrm{j}\omega) = (-\mathrm{e}^{-\mathrm{j}\omega T} + 1) \cdot \frac{1}{T} \cdot \left(\pi\delta(\omega) + \frac{1}{\mathrm{j}\omega}\right)$$
$$= \frac{1}{\mathrm{j}\omega T}(1 - \mathrm{e}^{-\mathrm{j}\omega t}) = \frac{1}{\mathrm{j}\omega T}\mathrm{e}^{-\mathrm{j}\omega T/2}(\mathrm{e}^{\mathrm{j}\omega T/2} - \mathrm{e}^{-\mathrm{j}\omega T/2})$$
$$= \frac{2\sin(\omega T/2)}{\omega T}\mathrm{e}^{-\mathrm{j}\omega T/2} = \mathrm{Sa}(\omega T/2)\mathrm{e}^{-\mathrm{j}\omega T/2}$$

系统的幅频特性为

$$|H(\mathrm{j}\omega)| = |\mathrm{Sa}(\omega T/2)|$$

相频特性为

$$\varphi(\omega) = -\omega T/2 + \arg[\mathrm{Sa}(\omega T/2)]$$

根据系统的结构,也可以直接写出该系统的单位冲激响应

$$h(t) = \int_{-\infty}^{t}[-\delta(\tau - T) + \delta(\tau)]\frac{1}{T}\mathrm{d}\tau = \frac{1}{T}[u(t) - u(t - T)]$$

系统的幅频特性和相频特性曲线图如图 6-3 所示。

说明 从幅频特性来看,这是一个低通滤波器,对信号的高频成分有抑制作用。

2)理想低通滤波器

例 6.2 已知理想低通滤波器的频率响应

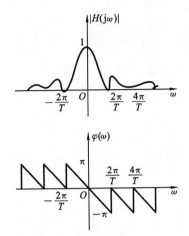

图 6-3 系统幅频特性及相频特性曲线图

$$H(j\omega) = \begin{cases} 1, & |\omega| \leqslant \pi \\ 0, & |\omega| > \pi \end{cases}$$

求出输入信号 $e(t) = \delta(t)$ 时引起的系统输出。

解 由输入信号 $e(t) = \delta(t)$，得 $E(j\omega) = 1$，则

$$R(j\omega) = E(j\omega) H(j\omega) = u(\omega + \pi) - u(\omega - \pi)$$

故输出为

$$r(t) = Sa(\pi t)$$

说明 虽然 $\delta(t)$ 中等量地含有 $-\infty \sim +\infty$ 的所有频率成分，但理想滤波器只截取了 $\delta(t)$ 中 0 到 π 的频率成分。

3）离散系统的频率响应

例 6.3 系统的差分方程为

$$y(n) - 2\cos\left(\frac{2\pi}{N}\right) y(n-1) + y(n-2) = x(n) - \cos\left(\frac{2\pi}{N}\right) x(n-1)$$

画出系统的幅频特性。

解

$$H(z) = \frac{1 - \cos(2\pi/N) z^{-1}}{1 - 2\cos(2\pi/N) z^{-1} + z^{-2}}$$

零、极点及频率响应特性如图 6-4 所示。

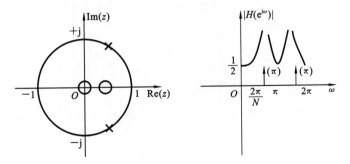

图 6-4 系统的零、极点分布及频率特性图

4）最小相位系统的判断

例 6.4 给定序列 $x(n)=\{1,1,-\dfrac{1}{2},\dfrac{3}{8}\}$，其中一个零点在 $z=-\dfrac{3}{2}$。求 $x(n)$ 是不是最小相位序列？若不是求出最小相位序列表示。

解 根据 $x(n)$ 写出 z 变换的表达式

$$X(z)=1+z\sigma^{-1}-\frac{1}{2}z^{-2}+\frac{3}{8}z^{-3}=\frac{z^3+z^2-\dfrac{1}{2}z+\dfrac{3}{8}}{z^3}$$

考虑有一个零点在 $z=-\dfrac{3}{2}$，则

$$X(z)=\frac{\left(z+\dfrac{3}{2}\right)(z^2+Az+B)}{z^3}$$

整理可得系数

$$A=-\frac{1}{2},\quad B=\frac{1}{4}$$

故

$$X(z)=\left[\frac{\left(z+\dfrac{3}{2}\right)\left(z^2-\dfrac{1}{2}z+\dfrac{1}{4}\right)}{z^3}\right]$$

系统的零点为 $z_1=-\dfrac{3}{2}$，$z_{2,3}=\dfrac{1}{4}\pm\mathrm{j}\dfrac{\sqrt{3}}{4}$，有一个零点在单位圆外，所以不是最小相位序列。将单位圆外的零点 $z_1=-\dfrac{3}{2}$ 镜像反演移到单位圆内：

$$X(z)=\frac{\left(z+\dfrac{3}{2}\right)\left(z^2-\dfrac{1}{2}z+\dfrac{1}{4}\right)}{z^3}$$

$$=\frac{\left(1+\dfrac{3}{2}z\right)\left(z^2-\dfrac{1}{2}z+\dfrac{1}{4}\right)}{z^3}\cdot\frac{z+\dfrac{3}{2}}{1+\dfrac{3}{2}z}$$

最小相位全通系统，即最小相位序列的 z 变换。反演后，移除全通器部分即 $\dfrac{z+\dfrac{3}{2}}{1+\dfrac{3}{2}z}$，留取最小相位系统部分，即

$$X_{\min}(z)=\frac{\left(1+\dfrac{3}{2}z\right)\left(z^2-\dfrac{1}{2}z+\dfrac{1}{4}\right)}{z^3}$$

$$=\frac{3}{2}+\frac{1}{4}z^{-1}-\frac{1}{8}z^{-2}+\frac{1}{4}z^{-3}$$

其 z 逆变换的结果则为最小相位序列，即

$$x_{\min}(n)=\frac{3}{2}\delta(n)+\frac{1}{4}\delta(n-1)-\frac{1}{8}\delta(n-2)+\frac{1}{4}\delta(n-3)$$

$$=\left\{\frac{3}{2},\frac{1}{4},-\frac{1}{8},\frac{1}{4}\right\}$$

5）重要公式

本章常见公式如表 6-1、表 6-2 和表 6-3 所示。

表 6-1   无失真传输系统

输入输出关系	$y(t)=Ke(t-t_0)$
频率响应	$H(j\omega)=Ke^{-j\omega t_0}$
单位冲激响应	$h(t)=K\delta(t-t_0)$
系统的群延时	$\tau=-\dfrac{\mathrm{d}\varphi(\omega)}{\mathrm{d}\omega}$

表 6-2   理想低通滤波器

频域有相位 时域有延时	频率响应	$H(j\omega)=\begin{cases} e^{-j\omega t_0}, & \|\omega\|\leqslant\omega_c \\ 0, & \|\omega\|>\omega_c \end{cases}$
	单位冲激响应	$h(t)=\dfrac{\omega_c}{\pi}\mathrm{Sa}[\omega_c(t-t_0)]$
	单位阶跃响应	$g(t)=\dfrac{1}{2}+\dfrac{1}{\pi}\mathrm{Sa}[\omega_c(t-t_0)]$
频域无相位 时域无延时	频率响应	$H(j\omega)=\begin{cases} 1, & \|\omega\|\leqslant\omega_c \\ 0, & \|\omega\|>\omega_c \end{cases}$
	单位冲激响应	$h(t)=\dfrac{\omega_c}{\pi}\mathrm{Sa}(\omega_c t)$
	单位阶跃响应	$g(t)=\dfrac{1}{2}+\dfrac{1}{\pi}\mathrm{Sa}(\omega_c t)$
	上升时间	$t_r=2\pi/\omega_c=1/f_c$

表 6-3   希尔伯特变换器

希尔伯特变换器	$h(t)=\dfrac{1}{\pi t}$
	$H(j\omega)=-j\mathrm{sgn}(\omega)$
希尔伯特逆变换器	$h(t)=-\dfrac{1}{\pi t}$
	$H(j\omega)=j\mathrm{sgn}(\omega)$

6.4   实验指导

6.4.1   实验目的

（1）学会运用 MATLAB 进行系统的频域分析。
（2）掌握运用 MATLAB 直接计算系统的频率响应的数值解。
（3）运用 MATLAB 命令求系统的幅频响应、相频响应、稳态响应。

6.4.2   实验原理与说明

（1）设连续系统的冲激响应为 $h(t)$，则当激励是角频率为 ω 的虚指数函数 $f(t)=$

$e^{j\omega t}$（$-\infty < t < \infty$）时，其零状态响应为

$$y(t) = h(t) * f(t)$$

根据卷积的定义

$$y(t) = \int_{-\infty}^{+\infty} h(\tau) e^{j\omega(t-\tau)} d\tau = \int_{-\infty}^{+\infty} h(\tau) e^{-j\omega\tau} d\tau \cdot e^{j\omega t}$$

令 $H(j\omega) = \int_{-\infty}^{+\infty} h(\tau) e^{-j\omega\tau} d\tau$（称为频率响应函数），则上式可写为

$$y(t) = H(j\omega) e^{j\omega t}$$

该式表明，当激励是幅度为 1 的虚指数函数 $e^{j\omega t}$ 时，系统的响应是系数为 $H(j\omega)$ 的同频率虚指数函数，$H(j\omega)$ 反映了响应 $y(t)$ 的幅度和相位。

当激励为任意信号 $f(t)$ 时，有

$$f(t) = \frac{1}{2\pi} \int_{-\infty}^{+\infty} F(j\omega) e^{j\omega t} d\omega = \int_{-\infty}^{+\infty} \frac{F(j\omega) d\omega}{2\pi} \cdot e^{j\omega t}$$

则有

$$y(t) = \int_{-\infty}^{+\infty} \frac{F(j\omega) d\omega}{2\pi} H(j\omega) e^{j\omega t} = \frac{1}{2\pi} \int_{-\infty}^{+\infty} F(j\omega) H(j\omega) e^{j\omega t} d\omega$$

若令响应 $y(t)$ 的频谱函数为 $Y(j\omega)$，则由上式可得

$$H(j\omega) = \frac{Y(j\omega)}{F(j\omega)}$$

$H(j\omega)$ 称为系统的系统函数，也称为系统的频率响应特性，简称系统频率响应或频率特性。一般系统频率响应 $H(j\omega)$ 是 ω 的复函数，可表示为

$$H(j\omega) = |H(j\omega)| e^{j\varphi(\omega)}$$

其中：$|H(j\omega)|$ 称为系统的幅频响应特性，简称为幅频响应或幅频特性；$\varphi(\omega)$ 称为系统的相频响应特性，简称相频响应或相频特性。$H(j\omega)$ 描述了系统响应的傅里叶变换与激励的傅里叶变换之间的关系。$H(j\omega)$ 只与系统本身的特性有关，而与激励无关。

（2）MATLAB 信号处理工具箱提供的 freqs( ) 函数可直接计算系统频率响应的数值解，其语句格式为

```
H=freqs(b,a,w)
```

其中：b 和 a 分别为 $H(\omega)$ 的分子和分母多项式的系数向量。ω 为系统频率响应的频率范围，其一般形式为 $\omega_1 : p : \omega_2$，ω_1 为频率起始值，ω_2 为频率终止值，p 为频率取样间隔。H 返回 ω 所定义的频率点上系统频率响应的样值（H 返回的样值是包括实部和虚部的复数。）

6.4.3　实例介绍

实例一　根据前面的实验原理介绍，当给定周期为 8、脉冲宽度为 4、幅值为 1 的矩形信号，使用 MATLAB 计算其傅里叶级数，绘制幅度谱和相位谱；将所求系数代入 $f(t) = \sum_{n=-N}^{N} F_N e^{jn\omega_0 t}$，求 $f(t)$ 的近似值，画出 $N = 20$ 的合成波形。

解　MATLAB 的源程序如下。

```
clc,clear;
T=8;                          % 信号周期
```

```
width=4;                         % 一个周期内矩形的宽度
A=1;                             % 周期矩形信号的幅度
t1=-T/2:0.001:T/2;               % 一个周期内自变量的取值向量
ft1=0.5*[abs(t1)<width/2];       % 一个周期内信号的值向量
t2=[t1-2*T t1-T t1 t1+T t1+2*T];
                                 % 一个周期的自变量向量左右各复制两次
ft=repmat(ft1,1,5);              % 一个周期信号值向量左右各复制两次,共组成 5 个
                                   周期的周期矩形信号
subplot(4,1,1);                  % 画原始信号时域波形图
plot(t2,ft);
axis([-8,8,0,0.8]);
xlabel('t');  ylabel('时域波形');  grid on;
w0= 2*pi/T;                      % 基波频率
N=20;  K=0:N;
for k=0:N;                       % 傅里叶系数计算
factor=['exp(-j*t*',num2str(w0),'*',num2str(k),')'];
f_t=[num2str(A),'*rectpuls(t,2)'];
Fn(k+1)=quad([f_t,'.*',factor],-T/2,T/2)/T;
end
subplot(4,1,2);                  % 画幅度谱
stem(K*w0,abs(Fn));
xlabel('nw0');  ylabel('幅度谱');  grid on;
ph=angle(Fn);                    % 画相位谱
subplot(4,1,3);
stem(K*w0,ph);
xlabel('nw0');  ylabel('相位谱');  grid on;
t=-2*T:0.01:2*T;                 % 利用傅里叶级数合成时域信号
K=[0:N]';
ft=Fn*exp(j*w0*K*t);
subplot(4,1,4);                  % 画合成的信号波形
plot(t,ft);  ylabel('合成波形');  grid on;
```

时域波形、幅度谱、相位谱和合成波形如图 6-5 所示。

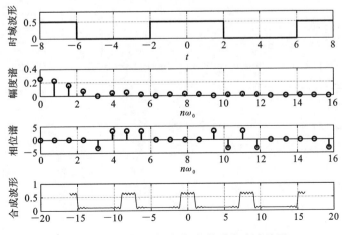

图 6-5　时域波形、幅度谱、相位谱和合成波形

实例二 求 $F(\mathrm{j}\omega)=\dfrac{1}{1+\omega^2}$ 的傅里叶逆变换 $f(t)$。

解 MATLAB 程序如下。

```
clc, clear;
syms t w;
F=1/(1+w^2);
f=ifourier(F,w,t);              % ifourier()是傅里叶逆变换函数
ezplot(f);
```

傅里叶逆变换结果如图 6-6 所示。

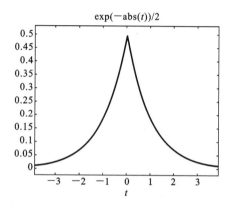

图 6-6 傅里叶逆变换结果

实例三 设系统的频率响应为 $H(\omega)=\dfrac{1}{-\omega^2+3\mathrm{j}\omega+2}$，若外加激励信号为 $5\cos t+2\cos(10t)$，用 MATLAB 命令求其稳态响应。

解 MATLAB 源程序如下。

```
t=0:0.1:20;
w1=1;  w2=10;
H1=1/(-w1^2+j* 3*w1+2);
H2=1/(-w2^2+j*3*w2+2);
f=5*cos(t)+2*cos(10*t);
y=abs(H1)*cos(w1*t+angle(H1))+abs(H2)*cos(w2*t+angle(H2));
subplot(2,1,1);
plot(t,f);  grid on;
ylabel('f(t)');  xlabel('Time/s');
title('输入信号的波形');
subplot(2,1,2);
plot(t,y);  grid on;
ylabel('y(t)');  xlabel('Time/s');
title('稳态响应的波形');
```

信号及其稳态响应如图 6-7 所示。

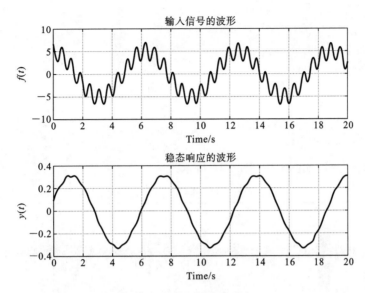

图 6-7 信号及其稳态响应

实例四 电力线通信(power line communication,PLC)是一种很重要的通信模式,它很好地利用现有的电力线网络,并且将有效信号调制到电力线上从而实现通信的目的。可以选取一小段电力线载波信号(数据已经存放在一个 Excel 表格"PLC_signal.xlsx"中),认真观察波形特点,对比滤波器处理前后的波形变化特征,对比信号在时域和频域的表达形式的异同,以及幅频特性曲线的不同。比较全频谱观察窗和区间观察窗在进行频谱分析时的效果。

解 MATLAB 源程序如下。

```
clear all;
close all;
x=xlsread('PLC_signal.xlsx', 'WS70K', 'A22:A10021');
y=xlsread('PLC_signal.xlsx', 'WS70K', 'C22:C10021');
figure;
subplot(2,1,1);
plot(x,y);
xlabel('时间/s');ylabel('电力线载波/V');
title('电力线载波信号滤波前后的时域波形特征比较');
subplot(2,1,2);
y2=smooth(y, 10);
plot(x, y2);
xlabel('时间/s');ylabel('低通滤波后电力线载波/V');
figure(2);
subplot(2,1,1);
y3=fft(y);
plot(x, y3);
title('电力线载波信号滤波前后的频域波形特征比较');
subplot(2,1,2);
y4=fft(y2);
plot(x, y4);
```

```
figure(3)
subplot(2,1,1)
[yf, t]  =freqz(y, 1, 10000);
plot(x, abs(yf));
title('电力线载波信号滤波前后的频率响应曲线比较');
subplot(2,1,2)
[yf2, t2]  =freqz(y2,1,10000);
plot(x, abs(yf2));
```

程序运行结果图如图 6-8～图 6-10 所示。

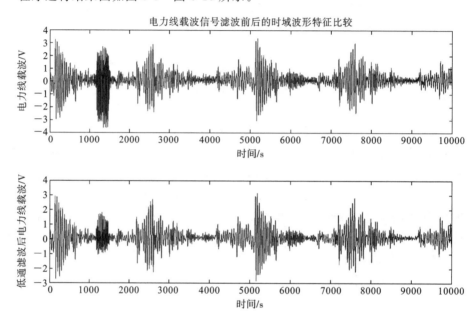

图 6-8　滤波前后电力线载波信号时域波形对比图

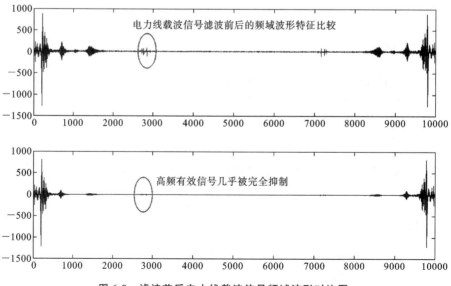

图 6-9　滤波前后电力线载波信号频域波形对比图

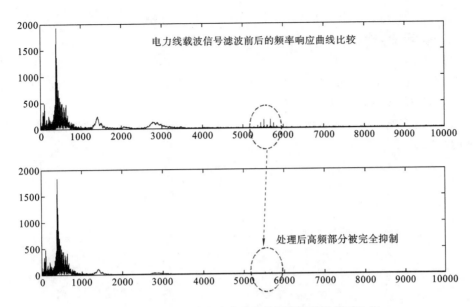

图 6-10　滤波前后电力线载波信号幅频特性曲线对比图

6.4.4　实验内容与步骤

连续 LTI 系统的频域分析法,也称为傅里叶变换分析法。该方法是基于信号频谱分析的概念,讨论信号作用于线性系统时在频域中求解响应的方法。傅里叶分析法的关键是求取系统的频率响应。傅里叶分析法主要用来分析系统的频率响应特性,或分析输出信号的频谱,也可用来求解正弦信号作用下的正稳态响应。下面通过实例研究非周期信号激励下利用频率响应求零状态响应。

(1) 求下列信号的傅里叶变换表达式且绘出波形图。

① $f_1(t) = U(t+1) - U(t-1)$;② $f_2(t) = e^{-|t|}$

(2) 求 $F(j\omega) = 8Sa(\omega)$ 的傅里叶逆变换且画图。

(3) 求微分方程 $y''(t) + 5y'(t) + 6y(t) = f'(t) + 4f(t)$ 所描述系统的频率响应 $H(j\omega)$,并分别画出其幅频和相频响应曲线。

(4) 使用 Windows 自带的录音机采集一段语音信号,并选用一个截止频率为 400 Hz 的低通滤波器对采集到的信号进行低通滤波,试比较滤波前后的波形在时域和频域分别展现出什么样的差异,并分析原因。

6.4.5　实验注意事项

(1) 注意区分信号的频域变换和系统的频域变换。本章的核心在于从频域的角度来分析系统。那么,系统在频域的表达就是系统的频率响应。

(2) 对于一个实验内容中需要描绘多幅图形的题目,请尽量将多幅图形集中绘制在一张大图(figure)中以方便检查。

(3) 特别值得留意的是,由于频率这个单位具有十分确切的物理意义,因此在进行时频变换的过程中,信号序列对应怎样的采样频率就不得不认真考虑。针对同样一组序列,如果进行不同点数的傅里叶变换,其变换结果的物理意义会有不同。

6.5 学习思考

（1）以实例一中程序的周期性矩形脉冲为基础，改变周期 T 和脉冲宽度 τ 的取值，并观察周期与频谱、脉冲宽度与频谱的关系。

（2）改变实例一中合成原始波形的 N 值，看 N 值的大小对合成波形与原始波形相似度的影响。

附录 A　MATLAB 应用基础

A.1　引言

MATLAB 是一种用于科学计算的强大语言,它容易学习且能够轻松完成复杂的数值计算、数据分析、符号计算和数据可视化等任务。本章主要介绍 MATLAB 软件的基础知识,目的让读者能够快速入门。其中包括 MATLAB 简介、MATLAB 的开发环境、常见数值计算、基本绘图方法、程序流程控制等基本方法。

A.2　MATLAB 简介

MATLAB 是美国 MathWorks 公司开发的新一代科学计算软件,MATLAB 是 matrix 和 laboratory 前三个字母的组合,它的意思是"矩阵实验室"。经过三十多年的不断发展与更新,MATLAB 已发展成为由语言、工作环境、图形开发环境、数学函数库和应用程序接口五大部分组成的集数值计算、图形处理、程序开发为一体的功能强大的系统。

在编程语言和仿真软件不断涌现的今天,拥有三十多年发展史的 MATLAB 不仅没有被淘汰,反而有更多的科研人员使用它进行数学仿真,就是因为它具有顶尖的数值计算功能、强大的图形可视化功能、简洁高效的编程语言和不断更新的数学工具包,极大程度上满足了科研人员对于工程数学计算的需求。

MATLAB 语言是以 matrix calculation(矩阵计算)为基础的程序设计语言,其语法规则简单易学,使用者无需花费大量时间即可掌握其编程方法。MATLAB 的指令格式与高等数学中的数学表达式相近,编写 MATLAB 程序犹如在便笺上列出公式一般快速简洁,因此也被称为"便笺式"编程语言。另外,MATLAB 具有非常丰富的函数库和仿真工具箱,我们可以直接从中调用针对某一具体领域所专门开发的函数进行求解,编程难度大为降低。可以说,在编程难度上,MATLAB 语言比 C、R、FORTRAN 语言要容易上手得多;在图形显示方面,MATLAB 又拥有不弱于 C++、Java 之类的流行语言的图形显示功能。而且,MATLAB 拥有很好兼容性的软件接口,可以兼容其他编程语言进行综合开发。

正是由于在数值计算及符号计算等方面的强大功能,以及易学易用的特点,MAT-LAB 早已成为国内外高等院校本科生、研究生必须掌握的基础数学仿真软件。

A.3　MATLAB 的开发环境

本书所有例程均以 MATLAB R2016a(MATLAB 9.0)版本作为开发环境,许多经典例程不仅与较老版本部分兼容,而且在新的版本中做出了显著的更新和发展。

A.3.1 MATLAB(R2016a)的安装

MATLAB 既可以在 PC 单机环境下安装,也可以在网络环境下进行安装。以下介绍 MATLAB R2016a 在使用 Windows 10 操作系统的 PC 单机环境下的安装。

(1) 到相关网站下载 MATLAB R2016a 安装程序,打开解压后的 MATLAB R2016a win64 文件,双击 setup.exe 启动安装程序,如图 A-1 所示。

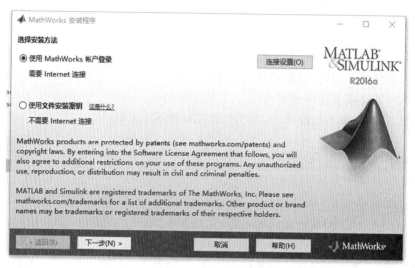

图 A-1 MathWorks 公司的软件安装界面

(2) 安装程序打开后按照安装导向,一步步单击【下一步(N)】按钮继续安装。

(3) 直到安装程序自动进入注册表对话框,用户在相应的编辑框内输入产品注册码,然后单击【下一步(N)】按钮,继续安装。

(4) 跟随安装导向,修改安装路径(由于所需空间比较大,不建议安装至系统盘)。

(5) 安装程序会自动打开如图 A-2 所示的 MATLAB 组件选项图。这里请注意,

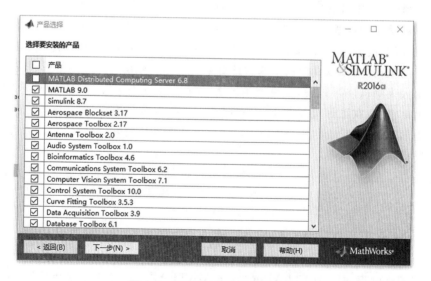

图 A-2 MATLAB 产品选择界面

记得取消勾选 MATLAB Distributed Computing Server 6.8(分布式计算服务器)工具箱,否则将无法成功创建桌面快捷方式。

(6) 单击【安装】按钮后,软件正在安装,请耐心等待。随后双击桌面快捷图标即可。如出现如图 A-3 所示的窗口,恭喜您,MATLAB R2016a 已安装成功。

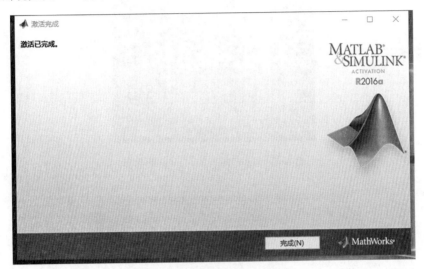

图 A-3　MATLAB 已成功激活

A.3.2　MATLAB 的主要特点

(1) 计算功能强大。

(2) 绘图方便。在 FORTRAN 和 C 语言里,绘图都极其不易,所以 MATLAB 数据可视化的优势极大。另外,MATLAB 还具有较强的编辑图形界面的能力。

(3) 拥有功能强大的工具箱,包含核心部分和各种可选的工具箱两个部分。工具箱又分为功能性工具箱和学科性工具箱。

① 功能性工具箱:具有扩充符号计算功能、图示建模仿真功能、文字处理功能以及硬件实时交互功能。

② 学科性工具箱:专业性强,如 control、signal processing、communication 等,主要用于专门领域的研究。

(4) 帮助功能完整:自带的帮助功能非常强大,读者有时间可以自行体会。

A.3.3　MATLAB R2016a 的系统界面

直接双击桌面快捷方式 MATLAB R2016a.exe 图标,启动软件,启动界面如图 A-4 所示。随后桌面会弹出 MATLAB R2016a 的用户界面。MATLAB R2016a 的主界面即用户的工作环境,包括菜单栏、工具栏、开始按钮和各个不同用途的窗口,如图 A-5 所示。

1) 菜单/工具栏

MATLAB 的菜单/工具栏中包含 3 个标签,分别为主页、绘图和应用程序,如图 A-6所示。其中,主页标签的功能如下。

(1) 新建:用于建立新的.m 文件、图形、模型和图形用户界面。

(2) 新建脚本:用于建立新的.m 脚本。

图 A-4　MATLAB R2016a 启动界面

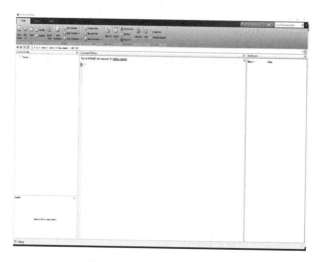

图 A-5　MATLAB 命令窗口

图 A-6　菜单/工具栏

（3）打开：打开 MATLAB 的 .m 文件、.fig 文件、.mat 文件、.mdl 文件、.cdr 文件等，也可以通过快捷键 Ctrl+O 实现。

（4）导入数据：从其他文件中导入数据，选择相应的路径以及位置。

（5）保存工作区：将工作区的数据存放至相应路径文件。

（6）设置路径：设置相应路径。

（7）预设：用于系统的属性设置，该部分功能较多，需要读者在长期的使用中逐步摸索掌握。比如，如图 A-7 所示，可以在 desktop language 中切换软件的中英文显示。

（8）布局：提供预设的布局以及工作界面上各个组件的显示选项。

（9）帮助：打开帮助文件或其他帮助方式。

（10）在绘图标签下将提供数据的绘图功能，同样应用程序标签提供了各个程序的入口。

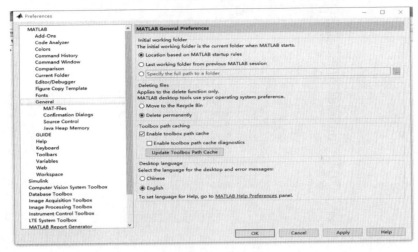

图 A-7　"预设"项对话框

2）命令行窗口

命令行窗口是 MATLAB 最重要的窗口，我们可以在框内输入各种指令、函数、表达式等，如图 A-8 所示。

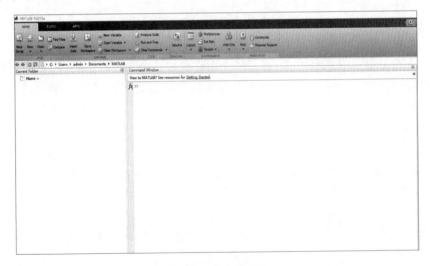

图 A-8　命令行窗口

在窗口中，"≫"是运算提示符，表示 MATLAB 此时处于准备状态，等待用户输入指令进行计算。当在提示符后输入命令，并敲击 Enter 键确认后，MATLAB 会自动给出响应，并且再次进入准备状态。单击命令行窗口右上方的图标"⯆"，点击选择【Undock】可以将窗口从 MATLAB 界面独立出来，相应地单击【dock】即可恢复初始状态。

3）工作区窗口

工作区窗口（workspace）显示当前内存中所有 MATLAB 变量的变量名、数据结构、字节数以及数据类型等信息，如图 A-9 所示。不同的变量类型将会对应不同的变量名图标。

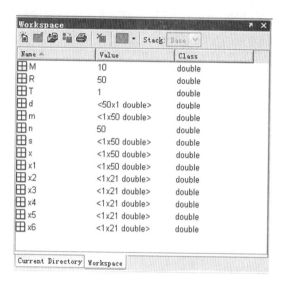

图 A-9　工作区窗口

用户也可以选中已有变量进行操作。此外,菜单栏也有如下相应命令供用户使用。

（1）新建变量:向工作区添加新的变量。

（2）导入数据:向工作区导入数据文件。

（3）保存工作区:保存工作区中的变量。

（4）清除工作区:删除工作区中的变量。

4）文本编辑窗口

MATLAB 计算有两种方式:第一种是用户直接在命令窗口一行一行地输入命令,此类方法虽简便直接,但缺点是针对计算量太大的工程并不适用;另一种是将多行命令组成一个 M 文件,然后用 MATLAB 运行这个 M 文件,可以按顺序一次性执行大量命令,弥补了前一种方法的不足。

那么,什么是 M 文件呢？ MATLAB 的源文件均以后缀为".m"的文件存放,这种.m文件其实就是一个纯文本文件,采用的是 MATLAB 所特有的一套语言机制而已。

M 文件有两种写法:一种称之为脚本,其中包含一连串的 MATLAB 命令,依次轮流执行;另一种称为函数,可供其他程序或命令调用。

注意　所保存的.m 文件的文件名称系统不允许以数字开头,其中不可以包含中文字,也不能包含"."" ＋"" －""＾"和空格等特殊字符,也不可以与当前工作空间中的参数、变量、元素同名,更不可以与 MATLAB 固有内部函数重名。

5）当前文件夹窗口

工作文件夹窗口不仅可以提供文件搜索功能,还可以显示或改变当前文件夹以及显示当前文件夹下的文件。单击窗口右上方下拉菜单,选择【取消停靠】能够独立成为小窗口,与命令行窗口类似,如图 A-10 所示。

6）设置工作路径和搜索路径

MATLAB 安装后,默认的工作路径是在 bin 目录下。默认工作路径下有很多陌生文件,并且一般用户都习惯使用自定义的目录作为工作目录。这时候用户可以编写一个名为"startup.m"的文件,在其中写上用户的工作目录:"cd E:\MATLAB ",其中 cd

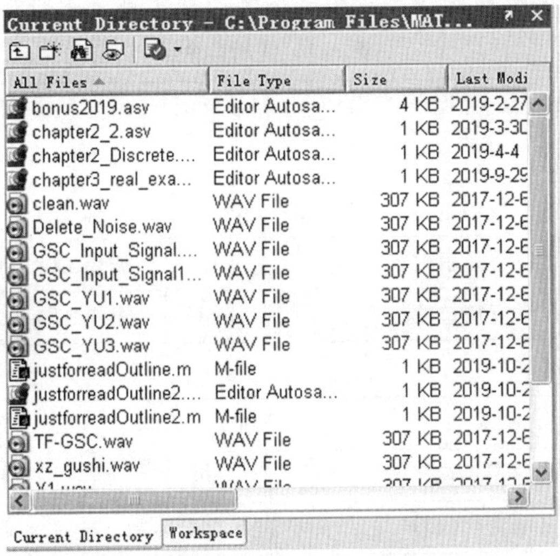

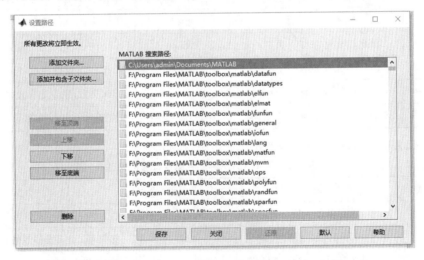

图 A-10 工作文件夹窗口

表示打开，后面的路径是用户自定义的工作路径。接着将这个文件放在："D:\Program Files\MATLAB\R2016b\toolbox\local"目录下。上述路径根据用户安装 MATLAB 的具体路径而定。再次打开 MATLAB，其默认工作路径，就是用户自定义的路径了。

一般情况下，MATLAB 系统的函数都是在系统默认的搜索路径之中的，但是用户个性化设计的函数就可能没有在搜索路径下，最终导致系统认为该函数不存在。因此，只需要将程序所在的目录扩展成为 MATLAB 的搜索路径即可正常使用。

用户可以单击菜单栏的"设置路径"按钮，打开如图 A-11 所示的对话框。

图 A-11 "设置路径"对话框

左侧按钮用户可以用来添加或删除搜索路径，右侧列表框列出已被 MATLAB 所添加的搜索目录。当前工作目录和搜索路径的有效设置使得用户以后在 MATLAB 环境中可以直接调用所编写的.m 原文件来运行。

7）MATLAB R2016a 的通用命令

通用命令可以用来管理目录、命令、函数、变量、工作区、文件和窗口。用户可以通过以下命令进行软件的快捷操作。常用命令的功能如表 A-1 所示。

表 A-1　常用命令

命　令	命 令 说 明	命　令	命 令 说 明
cd	显示或改变当前工作文件夹	load	加载指定文件的变量
dir	显示当前文件夹或指定目录下的文件	diary	日志文件命令
clc	清除工作窗中所有显示内容	!	调用 DOS 命令
home	将光标移至命令行窗口的最左上角	exit	退出 MATLAB

续表

命　令	命 令 说 明	命　令	命 令 说 明
clf	清除图形窗口	quit	退出 MATLAB
type	显示文件内容	pack	收集内存碎片
clear	清理内存变量	hold	图形保持开关
echo	工作窗信息显示开关	path	显示搜索目录
disp	显示变量或文字内容	save	保存内存变量到指定文件

用户还可以通过使用简单的编辑键和组合键提高输入和编辑内容的效率，如表 A-2所示。

表 A-2　命令行中的键盘按键

键盘按键	快捷键和说明	键盘按键	快捷键和说明
↑	Ctrl+P，调用上一行	Home	Ctrl+A，光标置于当前行开头
↓	Ctrl+N，调用下一行	End	Ctrl+E，光标置于当前行结尾
←	Ctrl+B，光标左移一个字符	Esc	Ctrl+U，清除当前输入行
→	Ctrl+F，光标右移一个字符	Delete	Ctrl+D，删除光标处的字符
Ctrl+←	Ctrl+L，光标左移一个单词	Backspace	Ctrl+H，删除光标前的字符
Ctrl+→	Ctrl+R，光标右移一个单词	Alt+Backspace	恢复上一次的删除

MATLAB 语言中标点符号的用法如表 A-3 所示。

表 A-3　MATLAB 语言中标点符号的用法

标　点	说　　明	标　点	说　　明
:	冒号，具有多种应用功能	%	百分号，注释标记
;	分号，区分行及取消运行结果显示	!	感叹号，调用操作系统运算
,	逗号，区分列及函数参数分隔符	=	等号，赋值标记
()	括号，指定运算优先级	'	单引号，字符串的标识符
[ ]	方括号，定义矩阵	.	小数点及对象域访问
{ }	大括号，构造单元数组	...	续行符号

特别注意　常见错误之一，是在 MATLAB 编程的时候使用了全角符号。这里要特别留意，MATLAB 对于全角符号最多当作字符型变量来看待，不会认为是标点符

号。上面表格中所列的符号均为半角符号。比如说,续行符号"..."不是中文全角符号里面的省略符,而是用英文半角符号里面连续三个句点符号来表示的。

A.4 MATLAB 的编程基础

A.4.1 常见数值计算

1)数组和矩阵

在 MATLAB 平台上,把由下标表示次序的标量数据的集合称为矩阵或数组。从数的集合角度观察,数组与矩阵并无差别,但从它们的运算规则来看却大有不同。数组中的元素可以是任意数据类型,比如数值、字符串等;而矩阵是特殊的数组。在工程领域会经常遇到用向量(矩阵的一种特殊形式)表示变量,用矩阵来表示方程组系数的数学形式。

(1)数组的创建。

MATLAB 中,一般使用方括号"[ ]"、逗号","、空格号和分号";"来创建数组,同一行用逗号或空格分隔,不同行用分号。现在命令窗口中输入如下语句:

```
clear all;   % 清理内存空间,便于接下来重新输入数据。
A=[];
B=[5 4 3 2 1];
C=[5,4,3,2,1];
D=[5;4;3;2;1];
E=B';
```

输出结果:

```
A=[]
B=   5    4    3    2    1
C=   5    4    3    2    1
D=
     5
     4
     3
     2
     1
E=
     5
     4
     3
     2
     1
```

(2)输入创建矩阵。

```
>>a=[1, 2, 3; 9, 8, 7]          % 新建一个 2 行 3 列的矩阵,逗号用于分割元素(这里
的逗号可用空格代替,a=[1 2 3;9 8 7]输出的表达式与之相同),分号用于分行
a=
     1    2    3
```

```
        9    8    7
>>b=[1:6; 10:-1:5]              % b 的第一行元素从 1 到 6,间隔为 1;第二行元素从
                                  10 到 5,间隔为-1
b=
    1    2    3    4    5    6
   10    9    8    7    6    5
>>c= linspace(1,20,7)          % 从 1 至 20 取等间隔的 7 个点构成 c
c=
   1.0000   4.1667   7.3333   10.5000   13.6667   16.8333   20.0000
```

（3）用内部函数创建矩阵。

```
>>A=hilb(3)                    % 希尔伯特矩阵
A=
   1.0000   0.5000   0.3333
   0.5000   0.3333   0.2500
   0.3333   0.2500   0.2000
>>B=rand(3)                    % 产生 3*3 的 0~1 间的随机矩阵
B=
   0.8147   0.9134   0.2785
   0.9058   0.6324   0.5469
   0.1270   0.0975   0.9575
>>C=rand([3, 5])              % 产生 3*5 的 0~1 间的随机矩阵
C=
   0.9501   0.4860   0.4565   0.4447   0.9218
   0.2311   0.8913   0.0185   0.6154   0.7382
   0.6068   0.7621   0.8214   0.7919   0.1763
```

说明　矩阵的构建方法当然不止以上这几种,同学们需要在学习过程中逐步摸索掌握更多的特殊矩阵构建和使用方法。

（4）矩阵运算和数组运算。

数组运算,我们可以将其看作数据的批量处理操作,他对矩阵中的元素一个一个进行相同运算。

特别注意　矩阵运算符前没有小黑点,数组运算前有小黑点。两个运算的数组要求维数相同,否则将给出错误信息。加点的四则运算是 MATLAB 的特点,与平时的数学表达方法有一些不同,初学者在编程过程中常常会弄混这几个符号,一定要反复练习才能习惯这种表达方式。

比如乘法运算,举例如下。

```
>>A=[1 2;  3 4], B=[6 7;  8 9], C=A*B, D=A.*B
A=
    1    2
    3    4
B=
    6    7
    8    9
C=
   22   25
```

```
        50    57
    D=
         6    14
        24    36
```

除法运算也是 MATLAB 的一个相对特殊的符号,斜杠"/"和反斜杠"\"分别代表不同的含义,举例如下。

```
>>E=A./B                    % A 点除 B
E=
    0.1667    0.2857
    0.3750    0.4444
>>E=A.\B                    % B 点除 A
E=
    6.0000    3.5000
    2.6667    2.2500
>>E=A\B                     % 矩阵 B 除以矩阵 A
E=
   -4.0000   -5.0000
    5.0000    6.0000
>>E=A/B                     % 矩阵 A 除以矩阵 B
E=
    3.5000   -2.5000
    2.5000   -1.5000
```

2) 线性方程组与非线性方程组的求解

(1) 线性方程组的求解。

例 A-1　设矩阵方程为 $AX=B,X=\text{inv}(A)\times B=A\backslash B$,矩阵除法可以方便地求解线性方程组。如方程矩阵为

$$\begin{bmatrix} 12 & 13 & 4 \\ -0.5 & -0.75 & -1 \\ -0.2 & 2.8 & -2.9 \end{bmatrix} \begin{bmatrix} U_1 \\ U_2 \\ U_3 \end{bmatrix} = \begin{bmatrix} 8 \\ -2 \\ 9 \end{bmatrix}$$

解　MATLAB 命令如下。

```
>>Y=[12 13 4;-0.5-0.75- 1;-0.2 2.8-2.9];I=[8- 2 9];U=Y\I'
U=
   -3.9732
    3.9732
    1.0067
```

(2) 非线性方程组的求解(注意:不是所有的非线性方程组都能求得解析解,这里一般比较常用的是求特解)。

例 A-2　求方程 $\mathrm{e}^{-0.2t}\sin(t+\pi/3)=0$ 在 $t=0$、10 附近的解。

解　MATLAB 命令如下。

```
>>fzero(inline('exp(-0.2*t).*sin(t+pi/3)'),0)    % 求在 t=0 附近的特解
ans=
```

```
    -1.0472
>>fzero(inline('exp(-0.2*t).*sin(t+pi/3)'),10)    % 求在 t=10 附近的特解
ans=
    11.5192
>>t=11.5192; exp(-0.5*t)*sin(t+pi/6)              % 对 t=10 附近的特解进行验证
ans=
  2.6903e-006
>>t=-1.0472; exp(-0.2*t)*sin(t+pi/3)              % 对 t=0 附近的特解进行验证
ans=
  -3.0193e-006
```

3) 多项式及其函数

（1）多项式的创建以及求根。

例 A-3 输入多项式 $2.5x^4 - 5x^3 + 4x + 26$。

解 在命令行输入：

```
>>a=[2.5-5 0 4 26]
a=
            2.5000   -5.0000         0    4.0000   26.0000
```

注意 必须包括具有 0 系数的项，比如上例中多项式没有二次项，因此二次项系数置为 0，不然 MATLAB 无法知道哪一项为 0。为了找出多项式的根，对于多项式为 0 的值，MATLAB 提供了特定函数 roots( ) 来解决问题。

例 A-4 输入多项式 $2.5x^4 - 5x^3 + 4x + 26$，并求根。

解 在命令行输入：

```
>>a=[2.5-5 0 4 26];
>>x=roots(a)
x=
   1.9266+1.1791i
   1.9266-1.1791i
  -0.9266+1.0863i
  -0.9266-1.0863i
```

观察上面这个例题的解，不难发现，所得到的特解都是成对的共轭复根。在本教材中，多项式的系数都是实数，因此其解也一定是实数解或共轭对称的复数解。在 MATLAB 平台，无论是一个多项式或者它的根，均以向量形式存储；按照惯例多项式是行向量，根为列向量。同样，如果我们已知一个多项式的根，通过 poly( ) 函数也可构造出相应的多项式，如

```
>>x=[1.9266+1.1791i;1.9266-1.1791i;-0.9266+1.0863i;-0.9266-1.0863i];
>>p=poly(x)
p=
    1.0000   -2.0000   -0.0001    1.5999   10.4012
```

这里我们看到：重新恢复出来的多项式跟原来的多项式似乎有一些不一样。首先，应该将原多项式的首项系数化为 1，这样我们会得到：$x^4 - 2x^3 + 1.6x + 10.4$，其系数为 $[1 -2 0 1.6 10.4]$，用这个归一化后的多项式系数跟刚才恢复得到的多项式系数相比，

似乎仍然存在一些误差。这是因为 MATLAB 处理复数过程中,当用多重根重新组建多项式时,如果一些根存在虚数,由于需要对虚部进行量化截断,这一细微的误差会代入 ploy()函数中,使得在最终的结果中出现一些小的差异。如果要消除虚假的虚部,需要使用 real()函数抽取实部。

（2）多项式的四则运算。

加法示例,在命令行窗口输入:

```
>>a=[2 4 6 8 10];
>>b=[1 2 3 4 5];
>>c=a+b
c=
3    6    9    12    15
```

结果为
$$c(x)=3x^4+6x^3+9x^2+12x+15$$

注意　相关系数要求像 x 幂次一样,一定要整齐。当两个多项式阶次不同时,低阶多项式用零填补高阶项,使其与高阶多项式有同样的阶数。

乘法示例,在命令行窗口输入:

```
>>c=conv(a,b)
c=
2    8    20    40    70    88    92    80    50
```

结果为　　$c(x)=2x^8+8x^7+20x^6+40x^5+70x^4+88x^3+92x^2+80x+50$

除法示例,在命令行窗口输入:

```
>>c=[2 8 20 40 70 88 92 80 50];
>>b=[2 4 6 8 10];
>>[a,r]=deconv(c,b)
a=
1    2    3    4    5
r=
0    0    0    0    0    0    0    0    0
```

式中:a 是多项式 b 除以 c 的商,余式为 r。

（3）多项式的导数、积分与估值。

求多项式的导数可以使用函数 polyder()。

例如,输入如下命令:

```
>>d=[2 8 20 40 70 88 92 80 50];
>>e=polyder(d)
e=
16    56    120    200    280    264    184    80
```

对于多项式的积分,MATLAB 提供了函数 polyint()。具体语法格式如下:

```
polyint(P,k):返回多项式 P 的积分,积分常数项为 k。
polyint(P):返回多项式 P 的积分,积分常数项默认值为 0。
```

例如,可以输入:

```
>>f=polyint(d)
f=
    0.2222    1.0000    2.8571    6.6667   14.0000   22.0000   30.6667
   40.0000   50.0000         0
```

根据多项式系数的行向量,可对多项式进行加、减、乘、除和求导运算,也能对它们进行估值,可以通过 MATLAB 平台提供的函数 polyval() 来完成。

估值实例如下,可以输入:

```
>>x=-1:0.01:1;
>>b=[2 4 6 8 10];
>>h=polyval(b, x);                  % 进行估值运算
>>plot(x, h); xlabel('x'); title('2x^4+4x^3+6x^2+8x+10');
                                    % 将估值运算结果对自变量作图
```

输出结果如图 A-12 所示。

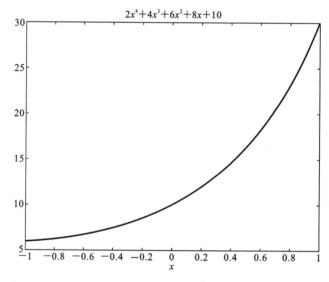

图 A-12　多项式估值运行结果

(4) 多项式运算函数及操作指令。

多项式的运算函数以及常用的操作指令如表 A-4 和表 A-5 所示。

表 A-4　多项式运算函数

多项式运算函数	函 数 作 用
conv(a,b)	乘法
[q,r]=deconv(a,b)	除法
poly(r)	用根构造多项式
polyder(a)	对多项式求导
polyfit(x,y,n)	对多项式数据拟合
polyval(p,x)	计算 x 点中多项式的值
[r,p,k]=residue(a,b)	部分分式展开式

续表

多项式运算函数	函数作用
[a,b]＝residue(r,p,k)	部分分式组合
roots(a)	求多项式的根

表 A-5　多项式操作指令

多项式操作指令	指令含义
mmp2str(a)	多项式向量到字符串变换,$a(s)$
mmp2str(a,'x')	多项式向量到字符串变换,$a(x)$
mmp2str(a,'x',1)	常数和符号多项式变换
mmpadd(a,b)	多项式加法
mmpsim(a)	多项式简化

(5) 有理多项式。

通常在应用当中,傅里叶(Fourier)变换、拉普拉斯(Laplace)变换和 z 变换过程中会出现多项式之比。在 MATLAB 中,有理多项式由它们的分子多项式和分母多项式来表示。对于有理多项式运算的函数有 residue()和 polyder()。

① 函数 residue()完成部分分式的展开。

例如,有理多项式的展开。在命令窗口输入:

```
>>num=[9 -1 4 6];
>>den=[2 7 0 -5];
>>[a, b, c]=residue(num, den)      % 这里是对 den/num 的多项式实现部分分式
```
展开,展开后的分子部分赋值给 a,分母部分的特解赋值给 b,常数项为 c。

输出结果为

```
a=
  -18.1292
    1.0000
    0.8792
b=
  -3.2656
  -1.0000
   0.7656
c=
   4.5000
```

此结果可以表示为

$$\frac{9x^3-x^2+4x+6}{2x^3+7x^2-5}=\frac{-18.1292}{x-3.2656}+\frac{1}{x-1}+\frac{0.8792}{x+0.7656}+4.5$$

residue()函数也可以执行逆运算。在命令窗口输入:

```
>>num=[9 -1 4 6];         % 分子多项式
>>den=[2 7 0 -5];         % 分母多项式
>>[a, b, c]=residue(num,den);
>>[n,d]=residue(a, b, c)
```

输出结果为

```
n=
   4.5000  -0.5000   2.0000   3.0000
d=
   1.0000   3.5000        0  -2.5000
```

结果同样可以表示为（原多项式的归一化结果，分母多项式的首项系数为1）

$$\frac{n(x)}{d(x)} = \frac{4.5x^3 - 0.5x^2 + 2x + 3}{x^3 + 3.5x^2 - 2.5}$$

② 函数 polyder() 可用来对多项式求导。

除此以外，倘若输入两个多项式，那么 polyder() 函数可对两个多项式构成的有理多项式求导。于是可以在命令窗口输入：

```
>>num=[5 3 -2 7];
>>den=[-4 0 8 3];
>>[b, a]=polyder(num, den)    % 这里是对 den/num 的多项式求导，求导的结果也
```
是一个多项式，其分子系数为 b，分母系数为 a

其输出结果为

```
b=
   65  -16  -199  -74  -20
a=
    4   28   49  -20  -70    0   25
```

（6）数值积分。

用 MATLAB 的数值方法可以计算一重积分和多重积分。

例 A-5　计算积分 $\int_0^5 \frac{1}{2x^3 + 3x - 10} dx$。

解　在命令行窗口输入：

```
>>F=@(x)1./(- 2*x.^3+3*x-10);    % 这里的@是指函数的句柄,括号里面的 x 是
```
变量
```
>>Q=quad(F, 0, 5)
```

命令行窗口输出结果：

```
Q=
  -0.2418
```

例 A-6　多重积分 $\int_0^2 \int_0^2 (x + x\sin y - 1) dx dy$ 的计算。

解　在命令行窗口输入：

```
>>F=@(x,y)x+x*sin(y)-1;
>>xmin=0; xmax=2; ymin=0; ymax=2;
>>Q=dblquad(F, xmin, xmax, ymin, ymax)
```

得到输出：

```
Q=2.8323
```

A.4.2　基本绘图方法

在科学研究体系中,我们可以将数学公式与数据表现在图表中,数据可视化能使人们通过视觉器官直接感受数据的内在本质。MATLAB 不仅是一个优秀的数值计算的应用软件,而且还是一个将数据可视化的好帮手。

我们在 MATLAB 软件中可以绘制二维、三维和四维的数据图形,并且可以对图形的线型、颜色、标记、视角、坐标轴范围等属性进行设置,将数据的内在联系以及其相关规律更细腻、完善地表达出来。

MATLAB 有大量简单、易用、灵活的二维和三维图形命令,使用者甚至可以在MATLAB 程序中加入声音效果。本节将主要介绍 MATLAB 的可视化技术。

1) 绘图基础

MATLAB 绘图函数如表 A-6 所示。

表 A-6　绘图命令

函　数	功　能	函　数	功　能
plot	绘制连续波形	title	为图形加标题
stem	绘制离散波形	grid	画网格线
polar	极坐标绘图	xlabel	为 x 轴加上轴标
loglog	双对数坐标绘图	ylabel	为 y 轴加上轴标
plotyy	用左、右两种坐标	text	在图上加文字说明
semilogx	半对数 X 坐标	gtext	用鼠标在图上加文字说明
semilogy	半对数 Y 坐标	legend	标注图例
subplot	分割图形窗口	axis	定义 x、y 坐标轴标度
hold	保留当前曲线	line	画直线
ginput	从鼠标作图形输入	ezplot	画符号函数的图形
figure	定义图形窗口	—	—

我们以绘图指令 plot() 为例画出 $y=\sin(x)$,$0<x<2p$(plot() 可以画出函数 x 对函数 y 的二维图),并一起加入 xlabel()、ylabel()、title() 等其他指令用于综合练习。

首先用户需要创建一个.m 文件,这样大大提高程序的效率,不用一次运行一个结果,读者在使用过程中可以自行体会。

在编辑器中输入如下代码:

```
clear all;                          % 清空内存
t=linspace(0,2*pi,100);y1=sin(t);   % 建立 t 及 y1 数组
figure(1)                           % 建立第 1 个图形窗口
plot(t,y1)                          % 以 t 为 x 轴,y1 为 y 轴画曲线
y2=cos(t);                          % 建立 y2 数组
figure(2)                           % 建立第 2 个图形窗口
plot(t,y1,t,y2)                     % 画两条曲线 y1 和 y2
figure(3)                           % 建立第 3 个图形窗口
plot(t,y1,t,y2,'+')                 % 第 2 条曲线以符号"+"标示
figure(4)                           % 建立第 4 个图形窗口
```

```
plot(t,y1,t,y1.*y2,'--')        % 画两条曲线,y1 和 y1.*y2
xlabel('x-axis')                % 加上 x 轴的说明
ylabel('y-axis')                % 加上 y 轴的说明
title('2D plot')                % 加上图的说明
figure(5)                       % 建立第 5 个图形窗口
plot3(y1,y2,t),grid             % 将 y1-y2-t 画三维图,并加上格线
```

显示的图形如图 A-13(a)~(e)所示。

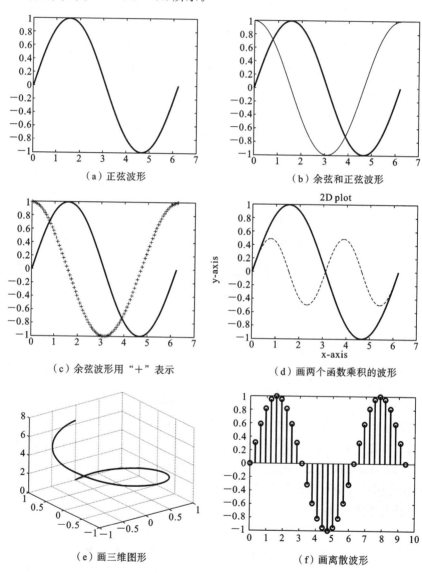

图 A-13　利用 plot() 函数绘图的各种形式

函数 stem()与上述函数 plot()在用法上几乎完全相同,差别在于函数 stem()绘制的是离散信号波形,例如:

```
>>n=0:pi/10:3*pi;stem(n,sin(n))
```

显示的图像如图 A-13(f)所示。

2) 颜色和线型、点型的标识符

MATLAB 的颜色设置类型，常见的有 8 种，如表 A-7 所示。

表 A-7　颜色(Color)设置类型和标识符

颜色代号	表示颜色	颜色代号	表示颜色
g	绿色	w	白色
m	品红色	r	红色
b	蓝色	k	黑色
c	灰色	y	黄色

MATLAB 可设置 5 种常见的不同线型，如表 A-8 所示。

表 A-8　线型(Linestyle)设置类型和标识符

线型代号	表示线型
—	实线
— —	虚线
—.	点画线
:	点线
None	无线

为了更容易区分目标曲线，常常要在线条上设置不同的标记，常见的标记类型有 14 种，如表 A-9 所示。

表 A-9　线标(Maker)设置类型和标识符

标记代号	表示标记	标记代号	表示标记
.	点	o	圆圈
*	星号	+	+号
square	正方形	x	X号
diamond	菱形	<	顶点指向左边的三角形
pentagram	五角星形	>	顶点指向右边的三角形
hexagram	六角星形	^	正三角形
none	无点	v	倒三角形

为了更好地掌握这一小节的内容，下面利用一个简单的小例子帮助同学们理解。创建一个 M 文件，并利用 M 文件编辑器输入如下程序：

```
clear all;
figure
x=0:0.01*pi:pi*8;
plot(x,sin(x),'r:','LineWidth',3);hold on;
plot(x,2*sin(x/2),'y','LineWidth',3);hold on;
plot(x,4*sin(x/4),'b--','LineWidth',3);hold on;
x=0:pi:pi*8;
```

```
plot(x,sin(x),'g^','MarkerSize',10,'LineWidth',3);hold on;
plot(x,2*sin(x/2),'co','MarkerSize',10,'LineWidth',3);hold on;
plot(x,4*sin(x/4),'msquare','MarkerSize',10,'LineWidth',3);hold on;
xlim([0 pi*8])
```

运行结果如图 A-14 所示,线条颜色、线型、线条标识根据设定显示之后,用户可以很方便地区分不同的曲线。为了让线条更清晰,所有线条的宽度都通过在 plot( )绘图函数中的增加选项"LineWidth"进行了设置,例子中设置的线宽为"3"。同时,线宽在增加的同时,如果不一同增加线条标识的尺寸,线标看起来就会不清晰,因此也通过选项"MakerSize"进行了相应的设置。关于 plot( )绘制出图形的各种设定和可选项还有很多,可以参看 MATLAB 软件帮助文件中的 set( )函数和 line( )函数的介绍。

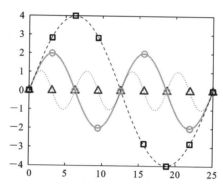

图 A-14   线条颜色、线型与线条标识示例运行结果

3）坐标轴设置

图形坐标轴的取值范围对图形的显示有严重影响,不过默认情况下,MATLAB 通过智能便捷函数和内部自适应设置来显示图形。但通常默认设置生成的图形往往达不到用户预期的效果,所以用户需要使用坐标轴控制函数,有针对性地进行调整和设置。坐标轴控制函数如表 A-10 所示。

表 A-10   坐标轴控制函数

命　令	描　述	命　令	描　述
axis image	横、纵坐标采用等长刻度,且坐标框紧贴数据范围	axis(xmin,xmax, ymin,ymax)	分别设定 x 轴、y 轴的坐标范围为 [xmin, xmax] 及 [ymin, ymax]
axis manual	保持当前坐标刻度范围	axis equal	横、纵坐标采取等长刻度
axis fill	在 manual 方式下有效,使坐标充满整个绘图区	axis normal	使用默认矩阵坐标系,取消单位刻度的限制
axis ij	使用矩阵式坐标,原点在左上方	axis tight	把数据范围直接设定为坐标范围
axis on	打开坐标轴标签、刻度及背景	axis square	使用正方形坐标系
axis off	取消坐标轴标签、刻度及背景	axis auto	使用坐标轴的默认设置
axis xy	使用直角坐标系,原点在左上方	—	—

为了更好地表述坐标设置的方法,给出一个简单的例子,可通过创建一个 M 文件来实现,在 M 文件编辑器中输入:

```
X= (0:1800)*pi/180;Y=cos(X/2);
figure(1);
subplot(1,3,1); plot(X,Y,'LineWidth',2); xlim([0 30]); grid on;
subplot(1,3,2); plot(X,Y,'LineWidth',2); xlim([0 30]); grid off;
subplot(1,3,3); plot(X,Y,'LineWidth',2); xlim([0 30]); grid off;
```

运行 M 文件,结果如图 A-15 所示。

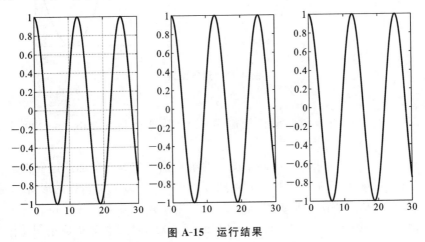

图 A-15　运行结果

4) 图形叠绘

在实际运用中,通常会遇到在已经存在的图上绘制新的曲线,并保留原始曲线,那么我们可以通过什么语句来完成呢?

hold on 语句:语句功能可以使当前坐标轴及图形保留下来而不被再次刷新,并接收即将绘制的新曲线。

hold off 语句:不保留当前坐标轴以及图形,绘制完成后即被刷新。

hold 语句:完成 hold on 与 hold off 语句的切换。

图形叠绘示例,在 M 文件编辑器中输入:

```
clear all;
figure (3)
x=0:0.01*pi:pi*4;y=0:pi:pi*8;
subplot(1,2,1)
plot(x,sin(x),'r:','LineWidth',3);hold on;
plot(x,2*sin(x/2),'b','LineWidth',3);hold on;
plot(y,sin(y),'g^','MarkerSize',10,'LineWidth',3);hold on;
plot(y,2*sin(y/2),'mo','MarkerSize',10,'LineWidth',3);hold on;xlim
([0 pi*4])
subplot(1,2,2)
plot(x,sin(x),'r:','LineWidth',3);
plot(x,2*sin(x/2),'b','LineWidth',3);hold on;
plot(y,sin(y),'g^','MarkerSize',10,'LineWidth',3);
plot(y,2*sin(y/2),'mo','MarkerSize',10,'LineWidth',3);hold on;xlim
```

([0 pi*4])

运行 M 文件,结果如图 A-16 显示。

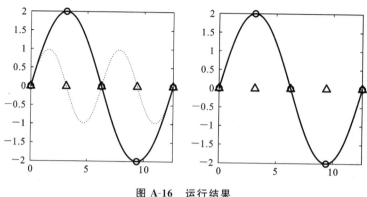

图 A-16　运行结果

5) 子图绘制

如果用户需要在同一图形窗口绘制多幅子图,那么指令 subplot() 就可以派上用场。

subplot(m, n, k):将 $(m \times n)$ 副子图中的第 k 幅图作为当前曲线绘制图。注意排序方式是先按行排序,然后按列排序。比如:对于一个 3×3 的九宫格图形窗口,那么当 $k=6$ 时,指的是第二行第三列的子图。

subplot('position',[left bottom width height]):在指定位置生成子图并作为当前绘制图。

子图绘制示例如下,我们可以在 M 文件中写入:

```
figure
x=0:0.01*pi:pi*16;j=sqrt(-1);
subplot(2,2,1);
plot(abs(sin(x)).*(cos(x)+j*sin(x)),'LineWidth',3);
xlim([-1 1]);ylim([-1 1]);
subplot(2,2,2);
plot(abs(sin(x/2)).*(cos(x)+j*sin(x)),'LineWidth',3);
xlim([-1 1]);ylim([-1 1]);
subplot(2,2,3);
plot(abs(sin(x/3)).*(cos(x)+j*sin(x)),'LineWidth',3);
xlim([-1 1]);ylim([-1 1]);
subplot(2,2,4);
plot(abs(sin(x/4)).*(cos(x)+j*sin(x)),'LineWidth',3);
xlim([-1 1]);ylim([-1 1]);
```

运行 M 文件,结果如图 A-17 所示。

6) 标注字符串

MATLAB 可以在图中任意位置添加文字标注,用户可以用函数 text() 来实现。

文字注释示例如下,我们可以在编辑器输入如下指令:

```
% 在图中任意位置添加标注
clf;t=0:pi/60:2*pi;y=sin(t);
```

```
plot(t,y,'linewidth',2);
axis([0,2*pi,-1.2,1.2]);
hold on;
plot(pi/2,1,'ro'),line([0 2*pi],[0 0]);
text(pi/2+0.2,1.01,...
    '\fontsize{12}\leftarrow\itsin(t)\fontname{楷书}极大值');
text(5*pi/4,sin(5*pi/4),...
    'sin(t)=-0.707\rightarrow','HorizontalAlignment','right');
```

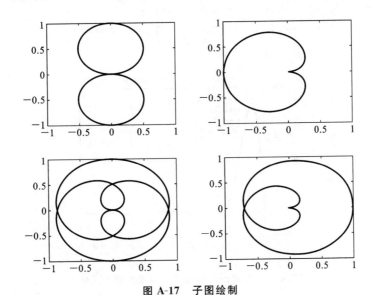

图 A-17　子图绘制

输出结果如图 A-18 所示。当然,除了函数 text()之外我们还有更简单容易的方法。我们可以使用函数 gtext('要加的文字注释'),这个函数中没有指定 x 坐标和 y 坐标,我们可以通过鼠标的移动来定位要添加的文字注释在图中的位置。

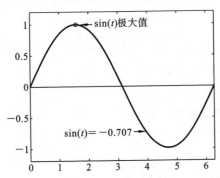

图 A-18　在图中的任意特定位置上做文字注释

同理,我们可以在 MATLAB 计算生成的图形中标出图名和最大值点坐标。在 M 文件中输入如下程序可实现在图形中标出图名和最大值点坐标。

```
a=2; w=3;
t=0:0.01:5;
y=exp(-a*t).*sin(w*t);
[y_max,i_max]=max(y);        % 这里的 max()函数会给出曲线最大值对应的坐标参数。
```

```
t_text=['t=',num2str(t(i_max))];
y_text=['y=',num2str(y_max)];
max_text=char('maximum',t_text,y_text);
tit=['y=exp(-',num2str(a),'t)*sin(',num2str(w),'t)'];
plot(t,zeros(size(t)),'k');
hold on
plot(t,y,'LineWidth',2);
plot(t(i_max),y_max,'r.','MarkerSize',20);
text(t(i_max)+0.3,y_max+0.05,max_text);
title(tit);xlabel('t/s');ylabel('y(t)');hold off;
```

程序运行后显示波形如图 A-19 所示。

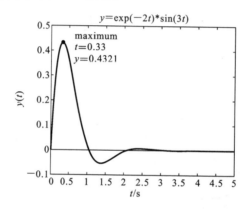

图 A-19   在图形上标出图名和最大值点坐标

A.4.3   字符串操作

MATLAB 给用户提供了大量的字符串处理函数,如表 A-11 所示。

表 A-11   MATLAB 中与字符串操作相关的函数

函数名	函 数 功 能	函数名	函 数 功 能
blanks	创建空白字符数组	lasterror	返回最新发生的一条错误消息
deblank	去掉字符串末尾的尾随空白	strrep	用一个字符串替换另一个字符串
findstr	从长字符串中查找短字符串,返回短字符串在长字符串中的位置	strtok	在一个字符串里找出从第一个非空白字符开始到下一个空白字符之间的全部字符
isletter	字母存在时返回真值	isspace	空格字符存在时返回真值
eval	执行文本中的 MATLAB 表达式	isstr	输入一个字符串,返回真值
feval	用字符串作为函数句柄,便于调用和计算	strcmp	字符串相同,返回真值

1) 字符串的构造

对于字符串或字符串数组的构造,用户可以通过直接给变量赋值来完成,具体实现方法是将内容写在两个单引号内部。如果内容包含单引号,那么我们可以用两个重复的单引号来表示。"[ ]、{ }"符号可以用来构造多行字符串,但有所差别的是:前者多行字符串长度必须相同;而后者长度可以不同。

直接赋值构造字符串。例如在命令行输入:

```
>>str_a='Hello.',str_b='I don't know',str_c=strcat(str_a,str_b)
```

输出结果为

```
str_a=Hello.
str_b=I don't know
str_c=Hello. I don't know
```

其中,函数 strcat( )用来连接多行字符串。另外,MATLAB 还提供了 strvcat( )和char( )函数用于纵向连接多个字符串。strcat( )函数连接多行字符串时,每行字符串长度不需要相等,所有非最长字符串右边会自动补齐空格,使得每行长度相等;而 char( )和 strvcat( )函数遇到多行字符串有空格时,strvcat( )函数会自动忽略,而 char( )函数会把空字符串(空格)也视为有效字符进行连接。新版本的 MATLAB 更推荐使用 char( )函数,而不是 strvcat( )函数。

在命令行窗口输入:

```
>>str_mat=['July';'August';'September';]
```

输出结果为

```
串联的矩阵的维度不一致。    % 报错
```

在命令行窗口输入:

```
>>str_mat1=['U r a man.';'I''m a pen.'],
>>str_mat2={'July';'August';'September';}
```

输出结果为

```
str_mat1=
U r a man.
I'm a pen.
str_mat2=
    'July'
    'August'
    'September'
```

下面给出一个构造字符串的示例,请仔细体会 strvcat( )与 char( )两个函数在合并字符串时不同的处理结果。在命令行窗口输入如下程序字段:

```
>>A='top'; B=''; C='Bottom';
>> sABC = strvcat (A, B, C), cABC = char (A, B, C), sizeABC = [size(sABC); size
(cABC)]
```

回车后,可以看到输出结果为

```
sABC=
top
```

```
Bottom

cABC=
top

Bottom

sizeABC=
    2    6
    3    6
```

2) 字符串比较函数

通过关系运算符可以进行两个字符串之间的关系比较,例如用函数 strcmp() 可以比较两个字符串是否相同。先看这一个比较字符串的简单示例,如果在命令行窗口输入:

```
>>A=('Hello'=='Word')
```

运行后会输出一则报错信息:

矩阵维度必须一致(matrix dimension must agree)

请注意,这类错误在最开始使用 MATLAB 仿真时非常常见,也是输出结果与预计结果不一致的重要原因之一。一定要记得 MATLAB 内部对于每个变量都是当做矩阵在使用,维度不能匹配的时候,计算无法正常实施。

字符串比较示例。输入如下命令行:

```
>>A=('Hello'=='World'),B=('Hello'=='Hello'),C=strcmp('Hello',
'World'),D=strcmp('Hello','Hello')
A=    0    0    0    1    0
B=    1    1    1    1    1
C=    0
D=    1
```

注意　在使用关系运算符比较字符串时,会针对每一个字符进行比较,返回值是一个与字符串长度相同的数组,因此两个字符串维度必须相等;而 strcmp() 函数则根据两个字符串相等与否,返回值为 0 或 1。

3) 字符串的查找与替换函数

字符串的查找与搜索可以通过函数 findstr() 实现。

以下是查找字符串示例,在命令行窗口输入:

```
>>string='Peter piper picked a peck of pickled peppers.';
>>findstr(string,' ')                    % 搜寻字符串内的空格位置
ans=
    6    12    19    21    26    29    37
>>findstr(string,'p')
ans=
    7    9    13    22    30    38    40    41
>>findstr(string,'cow')
```

```
    ans=
        []
    >>findstr(string,'pick')
    ans=
        13    30
```

注意   findstr()函数对每个字母的大小写是敏感的。

字符串的替换可以通过对字符串数组中所对应的元素进行直接赋值来实现,也可以使用函数 strrep()。

替换字符串示例。输入如下命令行:

```
    >>string='Peter Piper picked a peck of pickled peppers.';
    >>string(1:12)='Helen Smith'
    string=
        Helen Smith picked a peck of pickled peppers.
    >>string=strrep(string,' Helen Smith',' Sabrina Crame')
    string=
        Sabrina Crame picked a peck of pickled peppers.
```

注意   直接赋值需要两个字符串长度相等,而用 strrep()函数则可以替换任意长度的字符串。并且 strrep()和 findstr()函数均只能对字符串数组进行操作,对字符矩阵不起作用。

4)字符串的转换

MATLAB 提供了大量字符串与各种数据类型之间的转换函数,如表 A-12 所示。

表 A-12   数据类型之间的转换函数

函 数 名 称	函 数 功 能	函 数 名 称	函 数 功 能
abs	将字符转换成 ASCⅡ 码	num2str	将数值转换成字符串
dec2hex	将十进制数转换为十六进制数	setstr	将 ASCⅡ 码转换成字符串
fprintf	将数据写入文本文件,或设置数据格式并显示结果	hex2dec	将十六进制字符串转换成十进制数
sprintf	将数据格式化为字符串或字符向量	hex2num	将十六进制字符串转换成 IEEE 浮点数
str2mat	将字符串转换成一个文本矩阵	sscanf	将格式控制字符串转换成数字
int2str	将整数转换成字符	str2num	将字符串转换成数字
lower	将字符串转换成小写	upper	将字符串转化成大写

将数值嵌入字符串示例。在命令行窗口输入:

```
    >>rad=2.5;area=pi*rad^2;
    >>string=['A circle of radius ' num2str(rad) ' has an area of ' num2str(ar-
    ea) '.'];
    >>disp(string)
```

```
A circle of radius 2.5 has an area of 19.635.
```

这里函数 num2str() 作用是把数值转换成字符串,然后用字符串连接函数 string() 把所转换的数值嵌入到一个字符串句子中。

A.4.4 程序流程控制

计算机编程语言和可编程计算器提供了许多功能,它允许用户中途改变执行次序,这里称为流程控制。MATLAB 中的控制流结构有顺序结构、if-else-end 分支结构、switch-case 结构、try-catch 结构、for 循环结构和 while 循环结构,有点编程基础的同学可以轻松掌握。

1) 顺序结构

顺序结构是 MATLAB 程序中最基本的结构,将各操作按照他们出现的先后顺序依次执行。常见的输入、计算和输出三个部分完整地构成一个顺序结构。在大多数情况下,各个结构之间可以实现嵌套,例如分支结构中出现复合语句、循环结构中的循环体等。

例 A-7 计算 $S = \pi * r^2$。设 $r = 5$,输入 r,输出得到 S。

解 调出 MATLAB 的 m 程序编辑器,输入程序如下:

```
r= 5;                        % 定义变量 r,并赋值
S=pi*r*r;                    % 计算圆的面积
fprintf('Area=%f\n',S);      % 输出面积
```

输出结果为

```
Area=78.539816
```

2) If-else-end 分支结构

在实际情况下,命令的序列必须根据关系的检验有条件地进行。最简单的 if-else-end 结构为

```
if expression
   {commands}
end
```

如果在表达式中所有元素都不为零,那么就执行{commands}中的语句。倘若表达式中包含有几个逻辑子表达式时,即便前一个子表达式决定了表达式的最后逻辑状态,但仍要计算所有的子表达式。那么,假如存在两个选择分支,那么 if-else-end 结构可以写为

```
if expression
    commands evaluated if True
else
    commands evaluated if False
end
```

在此,如果表达式为真,则执行第一组命令;若为假则执行第二组命令。当有三个或更多选择时,if-else-end 采取如下形式:

```
if expression1
    commands evaluated if expression1 is True
elseif expression2
    commands evaluated if expression2 is True
elseif expression3
    ⋮
else
    commands evaluated if no other expression is True
end
```

简单举例说明 if-else-end 分支结构的实际运用方法。在命令行窗口输入：

```
>>Rand_a=rand(1);
>>if Rand_a>0.5;
>>    Rand_b=Rand_a;
>>else
>>    Rand_b=1-Rand_a;
>>end
```

输出结果为

```
Rand_a=0.421761282626275;
Rand_b=0.578238717373725
```

例 A-8 已知符号函数

$$y = \text{sgn}x \begin{cases} 1 & x>0 \\ 0 & x=0 \\ -1 & x<0 \end{cases}$$

使用 if 语句判断当前给定变量 x 的值时，相应的函数值 y。

解 MATLAB 程序如下：

```
x=input('enter''x'':');
if(x>0)
    y=1;
elseif(x==0)
    y=0;
else
    y=-1;
end
disp(y);
```

得到结果为

```
>>enter'x':10
    1
```

注意 以上这个例子不能通过直接复制粘贴到 command 命令行来执行（硬要这么做的话，系统有可能报错），更合理的做法是建一个 m 文件来执行。另外，一旦执行过一次，x 的赋值就已经留存在系统内部，想修改的话必须重新赋值。因此，我们在执行一段新程序的时候，往往要把保存在内存的一些旧数据先清空，这也是为什么常常要在程序的最开始加上一句 clear 命令的原因。同理,当系统执行相当长时间后,command 窗口会积累大量的历史运行数据,看起来很累赘,这时候就可以用 clc 命令来清空 command 窗口。

3) Switch-case 结构

Switch 语句执行基于变量或表达式值的语句组,关键字 case 和 otherwise 用于描述语句组。Switch 语句块会测试每个 case,直至其中一个 case 表达式为 true,则继续执行其中的语句;若所有的 case 表达式都不为 true 时,则执行 otherwise 语句块。otherwise 语句块是可选的,如果没有这 otherwise 语句块,程序也能执行。switch-case 具体语法结构如下。

```
switch expression
    case expression1
        {commands 1}
    case expression2
        {commands 2}
    ………
    otherwise
        {commands N}
end
```

举例说明 switch-case 结构的简单运用。

```
clear
n=input('Enter the value of ''n'':');
x=input('Enter the value of ''x'':');
switch(n)
    case 1
        errordlg('出错');
    case 2
        y=log2(x);
    case exp(1)
        y=log(x);
    case 10
        y=log10(x);
    otherwise
        y=log10(x)/log10(n);
end
disp(y)
```

输出结果为

```
Enter the value of'n':2
Enter the value of'x':10
    3.3219
>>Untitled3
Enter the value of'n':6
Enter the value of'x':32
    1.9343
```

当 $n=1$ 时,输入 x 的值,弹出错误对话框,如图 A-20 所示。

```
Enter the value of 'n':1
Enter the value of 'x':5
```

未定义函数或变量'y'。

图 A-20   错误对话框

注意   与多分支的 if 语句相比,switch 语句主要用于条件多且单一的情况,最典型的是数学中的分段函数。两者在 MATLAB 中的区别与在 C 语言中的区别大致相同,语法结构也基本类似。两个函数的详细比较如表 A-13 所示。

表 A-13   If 语句和 switch 语句的比较

If 语句	Switch 语句
比较复杂,特别是嵌套使用的 if 语句	可读性强,容易理解
要调用 strcmp() 函数比较不同长度的字符串	可比较不同长度的字符串
可检测相等和不相等	仅检测相等

4)Try-catch 结构

Try-catch 结构一般用于执行语句,同时捕获产生的错误。换言之,这一类结构可以帮助用户标识错误,查找出错的原因。其具体语法形式如下:

```
try
    command1            % 命令组 1 总是首先被执行。若正确,执行完成后结束此结构,若
错误,将执行 catch 语句块中的内容。
catch
    command2            % 发生错误时,执行命令组 2。
end
```

说明

(1)只有当 MATLAB 执行命令组 1 发生错误时,才执行命令组 2。

(2)执行 command1 发生错误时,调用 lasterr() 函数查询出错的原因。若使用 lasterr() 函数结果为空字符串,则表示命令组 1 被执行成功。

(3)若执行命令组 2 时又发生错误,则强制终止程序。

(4)不允许在一个 try 块中嵌套使用多个 catch 块(即在一个 try 块后面不能跟着很多个不同的 catch 块),但是 try 块和 catch 块中都可以嵌套完整的 try-catch 块。如果想实现对错误的分类,可以考虑在 catch 块中加入 switch-case 结构进行分类。

Try-catch 结构的简单运用实例,MATLAB 程序如下:

```
Num= 6;
```

```
Mat=magic(4)
try
    Mat_Num=Mat(Num,:)
catch
    Mat_end=Mat(end,:)
end
lasterror
```

输出结果为

```
Mat=
    16     2     3    13
     5    11    10     8
     9     7     6    12
     4    14    15     1
Mat_end=
     4    14    15     1
ans=
```

索引超出矩阵维度。

5）For 循环结构

For 循环允许一组命令以自定义的次数进行重复操作。for 循环的一般形式为

```
for x=array
    {commands}
end
```

在 for 和 end 语句中间的{commands}按数组中的每一列执行一次。在每一次迭代中，x 被指定为数组的下一列，也就是在第 n 次循环中，$x=\text{array}(:,n)$。

例 A-8 利用 for 循环创建对称矩阵。

解 MATLAB 程序如下：

```
for i=1:4
    for j=1:4
        if i>(5-j)
        else
            Mat(i,j)=i+j-1;
        end
    end
end
Mat
```

输出结果为

```
Mat=

     1     2     3     4
     2     3     4     8
     3     4     6    12
     4    14    15     1
```

例 A-9　利用 for 循环嵌套求解 $x = \sin\left(\dfrac{n * k * \pi}{360}\right), n \in [1:10], k \in [1:4]$。

解　在 M 文件中键入如下命令：

```
x=[];
for n=1:1:10
    for k=1:1:4
        x(n,k)=sin((n*k*pi)/360);
    end
end
x
```

输出结果为

```
x=
    0.0087    0.0175    0.0262    0.0349
    0.0175    0.0349    0.0523    0.0698
    0.0262    0.0523    0.0785    0.1045
    0.0349    0.0698    0.1045    0.1392
    0.0436    0.0872    0.1305    0.1736
    0.0523    0.1045    0.1564    0.2079
    0.0610    0.1219    0.1822    0.2419
    0.0698    0.1392    0.2079    0.2756
    0.0785    0.1564    0.2334    0.3090
    0.0872    0.1736    0.2588    0.3420
```

6）While 循环结构

与 for 循环以自定义次数求一组命令的值相反，while 循环可以以不定次数求语句的值，while 循环的一般形式为

```
while expression
    {commands}
end
```

只要在表达式中的所有元素为真就执行 commands 语句。

例 A-10　已知 Fibonacci 数列的元素满足如下规则：$a_{k+2} = a_k + a_{k+1}(k=1,2\cdots)$ 而且 $a_1 = a_2 = 1$；现要求出 Fibonacci 数列中第一个大于 9999 的元素。

解　在 M 文件编辑器中写入：

```
a(1)=1;
a(2)=1;
i=2;
while a(i)<10000
    a(i+1)=a(i)+a(i-1);
    i=i+1;
end
[i a(i)]
```

输出结果为

```
ans=
        21      10946
```

提示　当用户无法确定循环次数,或者根本不需要知道循环次数,而只需要确定满足什么条件循环不停止的情况下,使用 while 循环比较合理。

附录 B　TDS2000 系列数字存储示波器使用基础

B.1　引言

　　虽然绝大多数时候同学们都通过软件来进行信号与系统的实验,但是最终也需要根据仿真结果进行真实系统的设计,然后对实际的物理信号进行测量以确定数学仿真的正确性。附录 B 以泰克 TDS2000 系列数字存储示波器为例,简单地介绍了利用数字示波器观察信号波形的基本内容。目前国内其他主流厂商的示波器,虽然按键和旋钮位置不完全一样,但基本功能大致相同,也可参照本书说明进行操作。

B.2　时域测量方法

　　本节主要通过几个应用示例的介绍来帮助大家了解数字示波器的常见用法,以及在信号与系统实验中几个重要参数的观测方法。这些简化示例只是重点说明了示波器的主要功能,为解决实际测量问题提供参考,但无法涵盖实际操作中的全部需要,遇到测量问题,还是需要耐心查找原因,逐步积累使用经验。

B.2.1　简单测量

　　当需要查看电路中的某个信号,但又不了解该信号的幅值或频率时,可以采用"自动设置"模式,快速测量并显示信号的频率、周期和峰峰值幅度的参数。如图 B-1 所示,将示波器表笔的测量端挂在待测电路的测试点上,接地的夹子务必稳定接地。

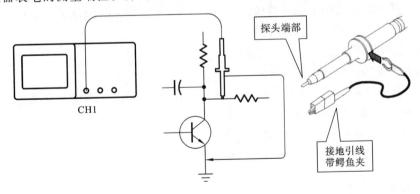

图 B-1　简单测量

　　那么,要快速显示某个信号,可按如下步骤进行:

（1）按下 CH1 的 MENU(CH1 菜单)按钮。

（2）按顺序按下"探头"→"电压"→"衰减"→"10×"。

（3）将示波器探头上的开关设定为"10×"（探头上"10×"和"1×"可选）。

（4）将通道1的探头端部与信号连接。将基准导线连接到电路基准点（一般情况下采用接地点）。

（5）按下"自动设置"按钮。

示波器会自动设置垂直、水平和触发控制。示波器会根据检测到的信号类型在显示屏的波形区域中显示相应的自动测量波形，并且自动测量到的电参数会显示在屏幕右侧的参数显示栏中。如果显示的读数"值"为问号（?），则表明该测试点的信号已经超出了当前的测量量程，需要将"伏/格"旋钮调整到适当的通道以减小灵敏度或更改"秒/格"设置。

值得一提的是，如果信号的周期不稳定，观测到的波形会在窗口不断跳变；如果接线不够好，也有可能出现混乱的波形。一般在这种情况下，可手动调整上述控制以优化波形的显示。如果要测量信号的频率、周期、峰峰值幅度、上升时间以及正频宽，请遵循以下步骤进行操作，测量某信号的示波器显示如图B-2所示。

（1）按下MEASURE（测量）按钮查看Measure（测量）菜单。

（2）按下顶部第一个选项的按钮；显示Measure 1 Menu（测量1菜单）。

（3）按顺序按下"类型"→"频率"。

"值"读数将显示测量结果及更新信息。

（4）按下"返回"选项按钮。

（5）按下顶部第二个选项的按钮；显示Measure 2 Menu（测量2菜单）。

（6）按下"类型"→"周期"。

"值"读数将显示测量结果及更新信息。

（7）按下"返回"选项按钮。

（8）按下顶部第三个选项的按钮；显示Measure 3 Menu（测量3菜单）。

（9）按下"类型"→"峰-峰值"。

"值"读数将显示测量结果及更新信息。

（10）按下"返回"选项按钮。

（11）按下顶部第四个选项的按钮；显示Measure 4 Menu（测量4菜单）。

（12）按下"类型"→"上升时间"。

"值"读数将显示测量结果及更新信息。

（13）按下"返回"选项按钮。

（14）按下顶部第五个选项的按钮；显示Measure 5 Menu（测量5菜单）。

（15）按下"类型"→"正频宽"。

"值"读数将显示测量结果及更新信息。

（16）按下"返回"选项按钮。

B.2.2　测量两个信号

当测量一个音频放大器的增益时，需要将一个测试信号连接到音频放大器的输入端，同时测量音频放大器的输出信号。然后，通过比对输出和输入信号的幅度大小计算放大器增益。这就需要同时使用示波器的两个测量通道，如图B-3所示，将示波器的两路测量通道分别与放大器的输入端和输出端相连。通过"MEASURE（测量）"菜单功

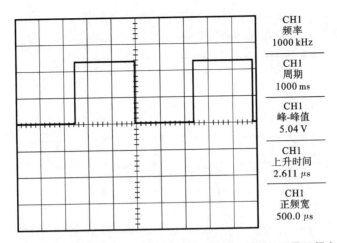

图 B-2 测量信号的频率、周期、峰峰值幅度、上升时间以及正频宽

能,同时测量两路信号的电平幅值,可以很方便地计算出放大器增益。其基本操作步骤
如下。

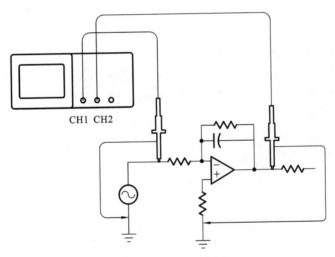

图 B-3 测量两个信号

(1) 按下"自动设置"按钮。

(2) 按下"MEASURE(测量)"按钮查看 Measure(测量)菜单。

(3) 按下顶部第一个选项的按钮;显示 Measure 1 Menu(测量 1 菜单)。

(4) 按下"信源"→CH1。

(5) 按下"类型"→"峰-峰值"。

(6) 按下"返回"选项按钮。

(7) 按下顶部第二个选项的按钮;显示 Measure 2 Menu(测量 2 菜单)。

(8) 按下"信源"→ CH2。

(9) 按下"类型"→"峰-峰值"。

(10) 按下"返回"选项按钮。

(11) 读取两个通道的"峰-峰值"幅度,如图 B-4 所示。

(12) 要计算放大器的电压增益,可使用以下公式:

电压增益＝输出幅度/输入幅度

电压增益(dB)＝20×lg(电压增益)

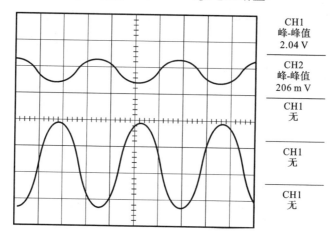

图 B-4　读取两个通道的峰-峰值幅度

B.2.3　光标测量

使用光标可快速对波形进行时间和振幅测量。以测量信号振荡时的频率和振幅为例。要测量某个信号上升沿的振荡频率，请执行以下步骤。

（1）按下"CURSOR(光标)"按钮查看 Cursor(光标)菜单。

（2）按下"类型"→"时间"。

（3）按下"信源"→CH1。

（4）按下"光标 1"选项按钮。

（5）旋转多用途旋钮，将光标置于信号上升沿的第一个波峰上，如图 B-5 中左边的竖直直线。

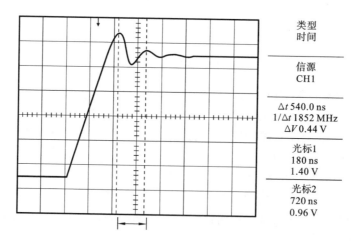

图 B-5　测量信号的振荡时间和频率

（6）按下"光标 2"选项按钮。

（7）旋转多用途旋钮，将光标置于信号开始振荡后的第二个波峰上，如图 B-5 中右边的竖直直线。可在 Cursor(光标)菜单中查看时间和频率 △ 增量(测量所得的振荡频率）。

（8）按下"类型"→"幅度"。

（9）按下"光标 1"选项按钮。

（10）旋转多用途旋钮，将光标置于信号上升沿的第一个波峰上，如图 B-6 所示之靠近上端的水平虚线。

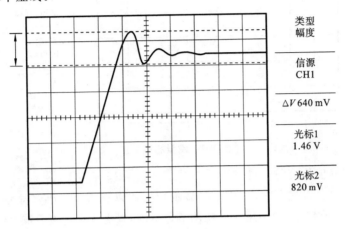

类型
幅度

信源
CH1

ΔV 640 mV

光标1
1.46 V

光标2
820 mV

图 B-6　测量信号的振荡幅值

（11）按下"光标 2"选项按钮。

（12）旋转多用途旋钮，将光标置于信号下降沿的最低点上，即图 B-6 中靠近下端的水平虚线。在 Cursor(光标)菜单中将显示信号振荡的振幅。

B.2.4　测量脉冲宽度

当需要分析某个脉冲波形，并且要知道脉冲的宽度的时候，可以执行以下步骤。

（1）按下"CURSOR(光标)"按钮查看 Cursor(光标)菜单。

（2）按下"类型"→"时间"。

（3）按下"CH1MENU(CH1 菜单)"按钮。

（4）按下"伏/格"→"细调"。

（5）旋转多用途旋钮，将光标置于脉冲的上升沿。

（6）按下"光标 2"选项按钮。

（7）旋转多用途旋钮，将光标置于脉冲的下降沿。

此时可在 Cursor(光标)菜单中看到以下测量结果：

光标 1 处相对于上升沿触发的时间；光标 2 处相对于下降沿触发的时间；那么，两者之差就表示脉冲宽度测量的结果(时间 Δ 增量，在右侧的测量显示栏中显示为 Δt 的值)，如图 B-7 所示。

B.2.5　分析信号的详细信息

当示波器上显示一个噪声信号时，可以通过适当的设置以观测到噪声的实际影响。以收到噪声干扰的方波信号为例，如图 B-8 所示，可以执行以下步骤来实现更好的观测。

（1）按下"ACQUIRE(采集)"按钮以查看 Acquire(采集)菜单。

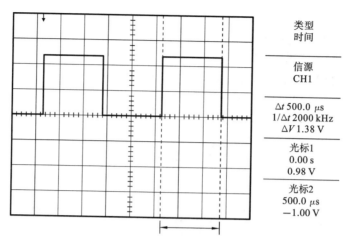

图 B-7   测量脉冲宽度

（2）按下"峰值检测"选项按钮。

（3）如有必要,可按下"DISPLAY（显示）"按钮以查看 Display（显示）菜单。使用"调节对比度"选项按钮,用多用途旋钮调节显示屏,以更清晰地查看噪声。

峰值测量侧重于信号中的噪声尖峰和干扰信号,特别是使用较慢的时基设置时效果较好。如果需要分析信号形状,那么,可以采用平均值测量方式以抑制噪声干扰,具体步骤如下。

（1）按下"ACQUIRE（采集）"按钮以查看 Acquire（采集）菜单。

（2）按下"平均值"选项按钮。

（3）按下"平均值"选项按钮可查看改变运行平均操作的次数对显示波形的影响。

平均操作可降低随机噪声,并且更容易查看信号的详细信息。如图 B-9 所示,采用平均值观测的话,则可以明显观察到噪声抑制后的上升沿和下降沿的振荡波形。

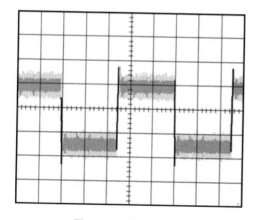

图 B-8   观察噪声信号

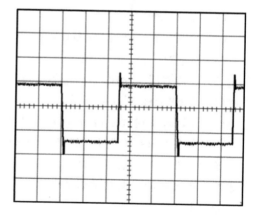

图 B-9   观察噪声信号

B.3   频域信号测量方法

一般来说,示波器是用来观测时域信号波形的仪器。但是,自从数字示波器被广泛使用以来,很多型号的数字示波器都集成了简单的频谱观测功能。本节详细说明利用示波器自带的"数学计算 FFT"(快速傅立叶变换)功能简单观测信号频谱特性的办法。在进行信号与系统的实验中,观察信号的时频变换是一个重要内容。因此,同学务必掌握在只使用一台示波器的情况下观测信号频谱曲线的能力。

在示波器的"数学"功能菜单下,可以使用 FFT 数学计算模式将时域信号转换为它的频率分量(频谱)。具体步骤如下。

B.3.1　设置时域波形

使用 FFT 模式前,需要将时域(YT)波形调整到合适的窗口尺度,可按如下步骤进行此操作。

(1) 按下"自动设置"按钮以显示 YT 波形。

(2) 旋转"垂直位置"旋钮将 YT 波形垂直移到中心(零分度),这可确保 FFT 模式下显示真实的直流值。

(3) 旋转"水平位置"旋钮来定位要在屏幕中心的八个分度中被分析的部分 YT 波形。示波器将使用时域波形中心的 2048 个点(根据示波器型号不同会有差异)来计算FFT 光谱。

(4) 旋转"伏/格"旋钮,确保至少一个完整周期的波形保留在屏幕上。如果看不到整个波形,示波器可能会(通过增加高频分量)显示错误的 FFT 结果。

(5) 旋转"秒/格"旋钮,提供 FFT 谱中所需的分辨率。

(6) 如果可能,将示波器设置为可显示多个信号周期。

B.3.2　显示 FFT 谱

要设置 FFT 显示图形,可参考表 B-1,执行以下步骤。

(1) 按下"MATH(数学)"按钮查看 Math(数学)菜单。

(2) 按下"操作"→"FFT"。

(3) 选择 Math-FFT-Source(数学 FFT 信源)通道。

(4) 使用各选项来选择"信源"通道、"窗口"算法和"FFT 缩放"系数。一次仅可以显示一个 FFT 谱。

表 B-1　选择 FFT 视窗类型

"数学计算 FFT"选项	设　　　置	注　　释
信源	CH1、CH2	选择该通道用作 FFT 信源
视窗	Hanning、Flattop、Rectangle	选择 FFT 的平滑窗类型(汉宁窗、平顶窗、矩形窗三类可选)
FFT 缩放	×1、×2、×5、×10	更改 FFT 显示的水平放大倍数

图 B-10 是显示信号频谱的图形,其中 1~5 个不同区域所表达的含义如下所述。

(1) 中心刻度线处的频率,可以理解为可视窗口的中心频率。

(2) 以分贝/分度(0 dB=1 V_{RMS})为单位表示谱线幅度。

(3) 以频率/分度为单位的水平刻度,也就是最小分度所代表的频谱间隔。

(4) 以采样数/秒为单位的采样速率。

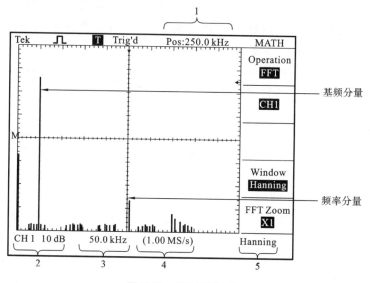

图 **B-10** 显示 FFT 谱

（5）FFT 采用的平滑窗的类型。

B.3.3 放大并定位 FFT 谱

可通过放大 FFT 谱并使用光标对 FFT 谱进行测量。示波器有一个可进行水平放大的"FFT 缩放"选项，要垂直放大，可以使用垂直控制。

1）水平缩放和定位

使用"FFT 缩放"选项可以将 FFT 谱水平放大而不改变采样速率，缩放系数有×1（默认）、×2、×5 和×10。当缩放系数为×1 且波形位于刻度中心时，左边的刻度线处为 0 Hz，右边的刻度线处为奈奎斯特频率。

改变缩放系数时，FFT 谱相对于中心刻度线放大，也就是说，水平放大轴为中心刻度线。顺时针旋转"水平位置"旋钮可以向右移动 FFT 谱。按下"设置为零"按钮可将频谱的中心定位在刻度的中心。

2）垂直缩放和定位

显示 FFT 谱时，垂直通道旋钮将成为与各自通道相对应的垂直缩放和位置控制钮。"伏/格"旋钮可提供以下缩放系数：×0.5、×1（默认）、×2、×5 和×10。FFT 谱相对于 M 标记（屏幕左边沿的波形运算参考点）垂直放大。

顺时针旋转"垂直位置"旋钮可以向上移动信源通道的频谱。

B.3.4 使用光标测量 FFT 谱

可以对 FFT 谱进行两项测量：幅度（以 dB 为单位）和频率（以 Hz 为单位）。幅度基准点为 0 dB，这里 0 dB 等于 1 V_{RMS}。可以使用光标以任一缩放系数进行测量。要进行此操作，可按如下步骤进行：

（1）按下"CURSOR（光标）"按钮查看 Cursor（光标）菜单。

（2）按下"信源"→"MATH（数学）"。

（3）按下"类型"选项按钮，选择"幅度"或"频率"。

（4）使用多用途旋钮来移动光标 1 和光标 2。

使用水平光标测量幅度，垂直光标测量频率，如图 B-11 所示。通过这些选项可显示两个光标间的增量，光标 1 位置处的值和光标 2 位置处的值。增量是光标 1 的值减去光标 2 的值的绝对值。

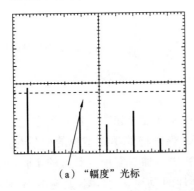 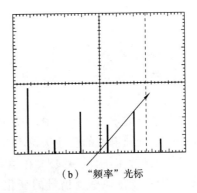

（a）"幅度"光标   （b）"频率"光标

图 B-11 使用光标测量 FFT 谱

可以不使用光标来进行频率测量。要进行此操作，可旋转"水平位置"旋钮将频率分量定位在中心刻度线上，然后读取显示屏右上方的频率。

附录 C 信号与系统的真实信号实验案例

C.1 引言

在信号与系统的学习与实验中,一般以强调原理推导和数学仿真为主,学生对信号与系统课程中各种知识点的感性认识不够深入,难以将数学模型中的变量与实际的物理量建立具体关联。因此,很有必要在学习过程中增加真实信号类型的实验,让学生利用测试仪器,实实在在地感受信号的变化和处理的过程。为了不影响本书 MATLAB 仿真内容的完整性和一致性,将这部分内容作为附录 C。

C.2 实验台模块介绍

C.2.1 主控 & 信号源模块

1. 按键及接口说明
主控 & 信号源按键及接口说明如图 C-1 所示。

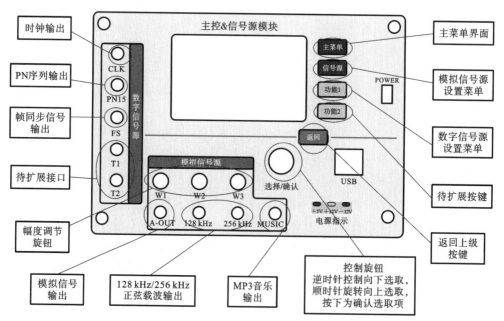

图 C-1 主控 & 信号源按键及接口说明

2. 功能说明
该模块可以完成如下五种功能的设置,具体设置方法如下。

1）模拟信号源功能

模拟信号源菜单由"信号源"按键进入,该菜单下按"选择/确定"键可以依次设置:"输出波形"→"输出频率"→"调节步进"→"音乐输出"→"占空比"(只有在输出方波模式下才出现)。在设置状态下,选择"选择/确定"就可以设置参数了。菜单如图 C-2 所示。

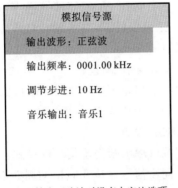

（a）输出正弦波时没有占空比选项　　　　（b）输出方波时有占空比选项

图 C-2　模拟信号源菜单示意图

注意　上述设置是有顺序的。例如,从"输出波形"设置切换到"音乐输出",需要按 3 次"选择/确定"键。

下面对每一种设置进行详细说明。

(1)"输出波形"设置。

一共有 6 种波形可以选择:

正弦波:输出频率范围为 10 Hz～2 MHz。

方波:输出频率范围为 10 Hz～200 kHz。

三角波:输出频率范围为 10 Hz～200 kHz。

DSBFC(全载波双边带调幅):

由正弦波作为载波,音乐信号作为调制信号,输出全载波双边带调幅波形。

DSBSC(抑制载波双边带调幅):

由正弦波作为载波,音乐信号作为调制信号,输出抑制载波双边带调幅波形。

FM:载波信号为频率固定的 20 kHz 正弦波,采用音乐信号作为调制信号。

(2)"输出频率"设置。

"选择/确定"旋钮顺时针旋转可以增大频率,逆时针旋转减小频率。频率增大或减小的步进值根据"调节步进"参数来设置。

在"输出波形"选为 DSBFC 和 DSBSC 时,设置的是调幅信号载波的频率;在"输出波形"选为 FM 时,设置频率对输出信号无影响。

(3)"调节步进"设置。

"选择/确定"旋钮顺时针旋转可以增大步进,逆时针旋转减小步进。步进分为:"10 Hz"、"100 Hz"、"1 kHz"、"10 kHz"、"100 kHz"五挡。

(4)"音乐输出"设置。

设置"MUSIC"端口输出信号的类型。有三种信号输出:"音乐 1"、"音乐 2"、"3K＋

1K 正弦波"。

（5）"占空比"设置。

"选择/确定"旋钮顺时针旋转可以增大占空比,逆时针旋转减小占空比。占空比调节范围为 10%～90%,以 10% 为步进调节。

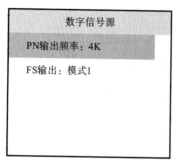

图 C-3　数字信号源菜单

2）数字信号源功能

数字信号源菜单由"功能 1"按键进入,该菜单下按"选择/确定"键可以设置:"PN 输出频率"和"FS 输出"。菜单如图 C-3 所示。

（1）"PN 输出频率"设置。

设置"CLK"端口的频率及"PN"端口的码速率。频率范围:1 kHz～2048 kHz。

（2）"FS 输出"设置。

设置"FS"端口输出帧同步信号的模式:

模式 1:帧同步信号保持 8 kHz 的周期不变,帧同步的脉宽为 CLK 的一个时钟周期（要求"PN 输出频率"不小于 16 kHz,主要用于 PCM、ADPCM 编译码帧同步及时分复用实验）。

模式 2:帧同步的周期为 8 个 CLK 时钟周期,帧同步的脉宽为 CLK 的一个时钟周期（主要用于汉明码编译码实验）。

模式 3:帧同步的周期为 15 个 CLK 时钟周期,帧同步的脉宽为 CLK 的一个时钟周期（主要用于 BCH 码编译码实验）。

3）实验菜单功能

按"主菜单"按键后,点击第一个选项"通信原理实验",再确定进入各实验菜单。如图 C-4 所示。

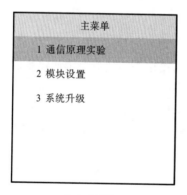

（a）主菜单　　　　　　　　　　（b）进入通信原理实验菜单

图 C-4　设置为"通信原理实验"

进入"通信原理实验"菜单后,逆时针旋转"选择/确认"按钮,光标会向下走,顺时针旋转光标会向上走。按下"选择/确认"按钮时,会选定光标所在实验的功能。有的实验会跳转到下级菜单,有的则没有下级菜单,没有下级菜单的会在实验名称前显示"√"符号。

在选中某个实验时,主控模块会向实验涉及的模块发命令。因此,需要这些模块电源开启,否则,设置会失败。实验具体需要哪些模块,在实验步骤中均有说明,详见具体实验。

4)模块设置功能(该功能只在自行设计实验时用到)

按"主菜单"按键后,点击第二个选项"模块设置",再确定进入模块设置菜单。在"模块设置"菜单中可以对各个模块的参数分别进行设置。如图 C-5 所示。

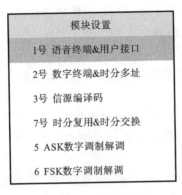

图 C-5　"模块设置"菜单

C.2.2　信源编译码模块

1. 模块框图

信源模块框图如图 C-6 所示。

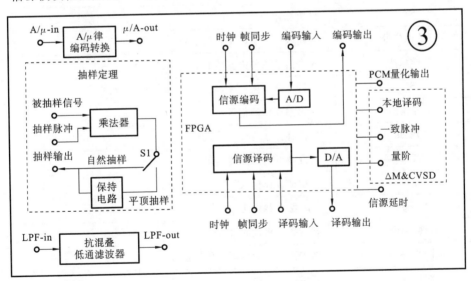

图 C-6　信源模块框图

2. 模块简介

在信源→信源编码→信道编码→信道传输(调制/解调)→信道译码→信源译码→信宿的整个信号传播链路中,本模块功能属于信源编码与信源译码(A/D 与 D/A)环节,通过 Altera 公司的 FPGA(EP2C5T144C8N)完成抽样定理、抗混叠低通滤波、A/μ 律转换、PCM 编译码、ΔM&CVSD(增量调制 & 连续可变斜率增量调制)编译码的功能与应用。帮助实验者学习并理解信源编译码的概念和具体过程,并可用于二次开发。

3. 模块功能说明

1）抽样定理

被抽样信号与抽样脉冲的相乘所得信号可以选择是否经过保持电路，以输出自然抽样或平顶抽样信号。

2）低通混叠滤波

该滤波器是截止频率为 3.4 kHz 的 8 阶巴特沃斯低通滤波器，可用于抽样信号的恢复及信源编码的前置抗混滤波。

3）A/μ 律转换

针对不同应用需求，本模块提供 A 律与 μ 律的转换功能。

4）PCM 编译码

编码输入信号默认采用本模块抽样输出信号，亦可以二次开发采用外部信号，同时提供时钟脉冲与帧同步信号，即可实现译码端的信号输出。

5）ΔM&CVSD 编译码

增量调制编译码功能提供本地译码、一致脉冲以及量阶调整的信号引出观测，方便实验者了解并掌握增量调制的具体过程。

4. 端口说明

端口名称及说明如表 C-1 所示。

表 C-1 端口名称及说明

端 口 名 称	说 明
S3	模块总开关
被抽样信号	可输入信号源的正弦波信号
抽样脉冲	输入信号源的方波信号
S1	保持电路切换开关，实现自然抽样/平顶抽样
抽样输出	输出抽样后的信号
LPF-in	抗混叠低通滤波器输入
LPF-out	抗混叠低通滤波器输出
A/μ−in	A 律或 μ 律输入
A/μ-out	μ 律或 A 律输出
时钟（编码）	待编码信号的时钟输入
帧同步（编码）	待编码信号的帧同步信号输入
编码输入	待编码信号输入
编码输出	已编码信号输出
时钟（译码）	待译码信号的时钟输入
帧同步（译码）	待译码信号的帧同步信号输入
译码输入	待译码信号输入
译码输出	已译码信号输出

续表

端口名称	说明
PCM 量化输出	PCM 编码输出之后,G.711 协议变换之前的信号输出
本地译码	ΔM&CVSD 编码当中的本地译码器输出
一致脉冲	ΔM&CVSD 编码当中量阶调整时的一致脉冲输出
量阶	ΔM&CVSD 编码当中量阶调整时的量阶输出
信源延时	ΔM&CVSD 编码之前的信源延时输出,供辅助观测

C.3 实验指导

C.3.1 实验目的

(1) 了解抽样定理在通信系统中的重要性。
(2) 掌握自然抽样及平顶抽样的实现方法。
(3) 理解低通采样定理的原理。
(4) 理解实际的抽样系统。
(5) 理解低通滤波器的幅频特性对抽样信号恢复的影响。
(6) 理解低通滤波器的相频特性对抽样信号恢复的影响。
(7) 理解带通采样定理的原理。

C.3.2 实验器材

(1) 主控 & 信号源、信源模块各一块。
(2) 双踪数字示波器一台。
(3) 连接线若干。

C.3.3 实验原理

(1) 实验原理框图如图 C-7 所示。

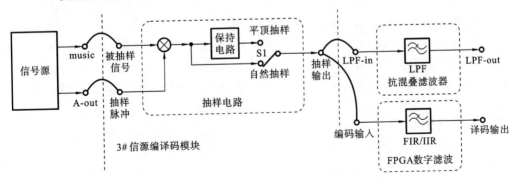

图 C-7 抽样定理实验框图

(2) 实验框图说明。
抽样信号由抽样电路产生。将输入的被抽样信号与抽样脉冲相乘就可以得到自然抽样信号,自然抽样的信号经过保持电路得到平顶抽样信号。平顶抽样和自然抽样信号是通过开关 S1 切换输出的。

抽样信号的恢复是将抽样信号经过低通滤波器,即可得到恢复的信号。这里滤波器可以选用抗混叠滤波器(8 阶截止频率为 3.4 kHz 的巴特沃斯低通滤波器)或 FPGA 数字滤波器(有 FIR,IIR 两种)。反 sinc 滤波器不是用来恢复抽样信号的,而是用来应对孔径失真现象。

要注意,这里的数字滤波器是借用了信源编译码部分的端口,在做本实验时与信源编译码的内容没有联系。

C.3.4 实验步骤

实验项目一 抽样信号观测及抽样定理验证

概述:通过不同频率的抽样时钟,从时域和频域两方面观测自然抽样和平顶抽样的输出波形,以及信号恢复的混叠情况,从而了解不同抽样方式的输出差异和联系,验证抽样定理。

(1)关电,按表 C-2 所示进行连线。

表 C-2 连线及说明

源 端 口	目 标 端 口	连 线 说 明
信号源:MUSIC	模块 3:TH1(被抽样信号)	将被抽样信号送入抽样单元
信号源:A-out	模块 3:TH2(抽样脉冲)	提供抽样时钟
模块 3:TH3(抽样输出)	模块 3:TH5(LPF-in)	送入模拟低通滤波器

(2)开电,设置主控菜单,选择【主菜单】→【通信原理】→【抽样定理】。调节主控模块的 W1 使 A-out 输出峰峰值为 3 V。

(3)此时实验系统初始状态为:被抽样信号 MUSIC 为幅度 4V、频率 3K+1K 的正弦合成波。抽样脉冲 A-out 为幅度 3 V、频率 9 kHz、占空比 20% 的方波。

(4)实验操作及波形观测。

① 观测并记录自然抽样前后的信号波形:设置开关 S1[3#](这里的上标表示模块编号)为"自然抽样"挡位,用示波器分别观测 MUSIC(主控 & 信号源)和抽样输出[3#]。

② 观测并记录平顶抽样前后的信号波形:设置开关 S1[3#] 为"平顶抽样"挡位,用示波器分别观测 MUSIC(主控 & 信号源)和抽样输出[3#]。

③ 观测并对比抽样恢复后信号与被抽样信号的波形:设置开关 S1[3#] 为"自然抽样"挡位,用示波器观测 MUSIC(主控 & 信号源)和 LPF-out[3#],以 100 Hz 的步进减小 A-out(主控 & 信号源)的频率,比较观测并思考在抽样脉冲频率多小的情况下恢复信号有失真。

④ 从频谱的角度验证抽样定理(选做):用示波器频谱功能观测并记录被抽样信号 MUSIC 和抽样输出频谱。以 100 Hz 的步进减小抽样脉冲的频率,观测抽样输出以及恢复信号的频谱。(注意:示波器需要用 250 kSa/s 采样率(即每秒采样点为 250 K),FFT 缩放调节为×10)。

注意 通过观测频谱可以看到当抽样脉冲小于 2 倍被抽样信号频率时,信号会产生混叠。

实验项目二　滤波器幅频特性对抽样信号恢复的影响

概述:该项目是通过改变不同抽样时钟频率,分别观测和绘制抗混叠低通滤波器和
FIR 数字滤波器的幅频特性曲线,并比较抽样信号经过这两种滤波器后的恢复效果,从
而了解和探讨不同滤波器幅频特性对抽样信号恢复的影响。

1)测试抗混叠低通滤波器的幅频特性曲线

(1)关电,按表 C-3 所示进行连线。

表 C-3　连线及说明

源　端　口	目　标　端　口	连　线　说　明
信号源:A-out	模块 3:TH5(LPF-in)	将信号送入模拟滤波器

(2)开电,设置主控模块,选择【信号源】→【输出波形】和【输出频率】,通过调节相
应旋钮,使 A-out(主控 & 信号源)输出频率为 5 kHz、峰峰值为 3 V 的正弦波。

(3)此时实验系统初始状态为:抗混叠低通滤波器的输入信号为频率 5 kHz、幅度
3 V 的正弦波。

(4)实验操作及波形观测。

用示波器观测 LPF-out[3#]。以 100 Hz 步进减小 A-out(主控 & 信号源)输出频率,
观测并记录 LPF-out[3#] 的频谱,记入表 C-4:

表 C-4　LPF-out[3#] 的频谱

A-out/Hz	5K	…	4.5K	…	3.4K	…	3.0K	…
基频幅度/V								

由上述表格数据,画出模拟低通滤波器的幅频特性曲线。

思考　对于截止频率为 3.4 kHz 的低通滤波器,为了更好地画出幅频特性曲线,我
们可以如何调整信号源输入频率的步进值大小?

2)测试 FIR 数字滤波器的幅频特性曲线

(1)关电,按表 C-5 所示进行连线。

表 C-5　连线及说明

源　端　口	目　标　端　口	连　线　说　明
信号源:A-out	模块 3:TH13(编码输入)	将信号送入数字滤波器

(2)开电,设置主控菜单:选择【主菜单】→【通信原理】→【抽样定理】→【FIR 滤波
器】。调节【信号源】,使 A-out 输出频率为 5 kHz、峰峰值为 3 V 的正弦波。

(3)此时实验系统初始状态为:FIR 滤波器的输入信号为频率 5 kHz、幅度 3 V 的
正弦波。

(4)实验操作及波形观测。

用示波器观测译码输出[3#],以 100 Hz 的步进减小 A-out(主控 & 信号源)的频率。
观测并记录译码输出[3#] 的频谱,记入表 C-6:

表 C-6　译码输出[3#] 的频谱

A-out/Hz	5K	…	4.5K	…	3.4K	…	3.0K	…
基频幅度/V								

由上述表格数据,画出 FIR 低通滤波器的幅频特性曲线。

思考 对于截止频率为 3 kHz 的低通滤波器,为了更好地画出幅频特性曲线,我们可以如何调整信号源输入频率的步进值大小?

3)分别利用上述两个滤波器对被抽样信号进行恢复,比较被抽样信号恢复效果

(1)关电,按表 C-7 所示进行连线:

表 C-7 连线及说明

源 端 口	目 标 端 口	连 线 说 明
信号源:MUSIC	模块 3:TH1(被抽样信号)	提供被抽样信号
信号源:A-out	模块 3:TH2(抽样脉冲)	提供抽样时钟
模块 3:TH3(抽样输出)	模块 3:TH5(LPF-in)	送入模拟低通滤波器
模块 3:TH3(抽样输出)	模块 3:TH13(编码输入)	送入 FIR 数字低通滤波器

(2)开电,设置主控菜单,选择【主菜单】→【通信原理】→【抽样定理】→【FIR 滤波器】。调节 W1(主控 & 信号源)使信号 A-out 输出峰峰值为 3 V 左右。

(3)此时实验系统初始状态为:待抽样信号 MUSIC 为 3K+1K 的正弦合成波,抽样时钟信号 A-out 为频率 9 kHz、占空比 20% 的方波。

(4)实验操作及波形观测。对比观测不同滤波器的信号恢复效果:用示波器分别观测 LPF-out[3#] 和译码输出[3#],以 100 Hz 步进减小抽样时钟 A-out 的输出频率,对比观测模拟低通滤波器和 FIR 数字低通滤波器在不同抽样频率下信号恢复的效果。(频率步进可以根据实验需求自行设置。)

思考 不同滤波器的幅频特性对抽样恢复有何影响?

实验项目三 滤波器相频特性对抽样信号恢复的影响

概述:该项目是通过改变不同抽样时钟频率,从时域和频域两方面分别观测抽样信号经 FIR 低通滤波器和 IIR 低通滤波器后的恢复失真情况,从而了解和探讨不同滤波器相频特性对抽样信号恢复的影响。

1)观察被抽样信号经过 FIR 低通滤波器与 IIR 低通滤波器后,所恢复信号的频谱

(1)关电,按表 C-8 所示进行连线。

表 C-8 连线及说明

源 端 口	目 标 端 口	连 线 说 明
信号源:MUSIC	模块 3:TH1(被抽样信号)	提供被抽样信号
信号源:A-out	模块 3:TH2(抽样脉冲)	提供抽样时钟
模块 3:TH3(抽样输出)	模块 3:TH13(编码输入)	将信号送入数字滤波器

(2)开电,设置主控菜单,选择【主菜单】→【通信原理】→【抽样定理】。调节 W1(主控 & 信号源)使信号 A-out 输出峰峰值为 3 V 左右。

(3)此时实验系统初始状态为:待抽样信号 MUSIC 为 3K+1K 的正弦合成波,抽样时钟信号 A-out 为频率 9 kHz、占空比 20% 的方波。

(4)实验操作及波形观测。

① 观测信号经 FIR 滤波器滤波后波形恢复效果:设置主控模块菜单,选择【抽样定

理】→【FIR 滤波器】；设置【信号源】使 A-out 输出的抽样时钟频率为 7.5 kHz；用示波器观测恢复信号译码输出$^{3\#}$的波形和频谱。

② 观测信号经 IIR 滤波器滤波后的波形恢复效果：设置主控模块菜单，选择【抽样定理】→【IIR 滤波器】；设置【信号源】使 A-out 输出的抽样时钟频率为 7.5 kHz；用示波器观测恢复信号译码输出$^{3\#}$的波形和频谱。

③ 探讨被抽样信号经不同滤波器恢复的频谱和时域波形。

被抽样信号与经过滤波器后恢复的信号之间的频谱是否一致？如果一致，是否就是说原始信号能够不失真地恢复出来？用示波器分别观测在 FIR 滤波器滤波恢复和 IIR 滤波器滤波恢复的情况下，译码输出$^{3\#}$的时域波形是否完全一致，如果波形不一致，是失真呢？还是有相位的平移呢？如果相位有平移，观测并计算相位移动时间。

注意 在实际系统中，失真的现象不一定是错误的，尤其是受到噪声干扰的波形不一定是错误的，实际系统中的信号常常会受到周围环境的干扰，像方波这样频谱特别宽的波形在经过系统处理之后出现失真也是非常常见的现象。

2）观测相频特性

（1）关电，按表 C-9 所示进行连线。

表 C-9　连线及说明

源 端 口	目 标 端 口	连 线 说 明
信号源：A-out	模块 3：TH13（编码输入）	使源信号进入数字滤波器

（2）开电，设置主控菜单，选择【主菜单】→【通信原理】→【抽样定理】→【FIR 滤波器】。

（3）此时系统初始实验状态为：A-out 为频率 9 kHz、占空比 20％的方波。

（4）实验操作及波形观测。

对比观测信号经 FIR 滤波器滤波后的相频特性：设置【信号源】使 A-out 输出频率为 5 kHz、峰峰值为 3 V 的正弦波；以 100 Hz 步进减小 A-out 输出频率，用示波器对比观测 A-out（主控 & 信号源）和译码输出$^{3\#}$的时域波形。相频特性测量就是改变信号的频率，测出输出信号的延时（从时域上观测），记入表 C-10：

表 C-10　输出信号的延时

A-out 的频率/Hz	被抽样信号与恢复信号的相位延时/ms
3.5K	
3.4K	
3.3K	
⋮	

C.3.5　实验报告

（1）分析电路的工作原理，叙述其工作过程。

（2）绘出所做实验的电路、仪表连接调测图，并列出所测各点的波形、频率、电压等有关数据，对所测数据做简要的分析说明，必要时可借助计算公式进行推导。

（3）分析以下问题：滤波器的幅频特性是如何影响抽样恢复信号的？简述平顶抽

样和自然抽样的原理及实现方法。

C.3.6 学习思考

思考一下,实验步骤中采用 3K+1K 正弦合成波作为被抽样信号,而不是单一频率的正弦波,在实验过程中波形变化的观测上有什么区别? 对抽样定理理论和实际的研究有什么意义?

参 考 文 献

[1] 吴大正. 信号与线性系统分析[M]. 4 版. 北京：高等教育出版社，2005.

[2] 郑君里，应启珩，杨为理. 信号与系统[M]. 2 版. 北京：高等教育出版社，2000.

[3] 燕庆明. 信号与系统教程[M]. 3 版. 北京：高等教育出版社，2004.

[4] 管致中，夏恭恪，孟桥. 信号与线性系统[M]. 4 版. 北京：高等教育出版社，2004.

[5] Alexander D. Poularikas. Signals and Systems Primer with MATLAB[M]. Boca Raton, FL, USA：CRC Press，2006.

[6] Warsame Hassan Ali . Signals and Systems：A Primer with MATLAB® (English Edition)[M]. Boca Raton, FL, USA：CRC Press，2015.

[7] Anastasia Veloni . Signals and Systems Laboratory with MATLAB (English Edition)[M]. Boca Raton, FL, USA：CRC Press，2010.

[8] 张钰，吕伟锋. 信号与系统实验[M]. 北京：科学出版社，2012.

[9] 苏新红，张海燕. 信号与系统习题解答与实验指导[M]. 北京：北京邮电大学出版社，2010.

[10] 党宏社. 信号与系统实验（MATLAB 版）[M]. 西安：西安电子科技大学出版社，2007.

[11] 许淑芳. 信号与系统学习及解题指导[M]. 北京：清华大学出版社，2016.

[12] 张昱，周绮敏. 信号与系统实验教程[M]. 北京：人民邮电出版社，2005 .

[13] 杜尚丰. 信号与系统教程及实验[M]. 北京：清华大学出版社，2013.

[14] ALAN V. OPPENHEIM. 信号与系统[M]. 2 版. 北京：电子工业出版社，2002.

[15] 王松林，张永瑞，郭宝龙，等. 信号与线性系统分析教学指导书[M]. 4 版. 北京：高等教育出版社，2005.

[16] 潘建寿，高宝健. 信号与系统[M]. 北京：清华大学出版社，2006.

[17] 陈后金，胡健，薛健. 信号与系统[M]. 2 版. 北京：北京交通大学出版社，2005.

[18] 甘俊英，胡异丁. 基于 MATLAB 的信号与系统实验指导[M]. 北京：清华大学出版社，2007.

[19] 徐亚宁，唐璐丹. 信号与系统分析实验指导书（MATLAB 版）[M]. 西安：西安电子科技大学出版社，2012.

[20] 金波. 信号与系统实验教程[M]. 武汉：华中科技大学出版社，2008.

[21] Oktay Alkin. Signals and Systems：A MATLAB® Integrated Approach (English Edition)[M]. Boca Raton, FL, USA：CRC Press，2016.